吴志远 著

社交媒体
在农技推广中的
应用路径研究

A STUDY ON
SOCIAL MEDIA APPLICATION
IN DIFFUSION OF
AGRICULTURAL TECHNOLOGY

社会科学文献出版社
SOCIAL SCIENCES ACADEMIC PRESS (CHINA)

前言：重返传播学经典研究现场

一　罗杰斯的预见

当创新扩散理论的奠基人美国学者 E. M. 罗杰斯在 2003 年完成《创新的扩散》第五版修订时，他已经专注于创新扩散研究 40 年。

罗杰斯关于创新扩散的研究是从农业技术推广和传播开始的："我对创新扩散的研究感兴趣源于对农业创新扩散的研究，我留意到，我家乡艾奥瓦州卡罗尔市的农民竟然推迟了好几年才接受明显对他们有利的创新方法。"后来，他在艾奥瓦州立大学攻读农业社会学，博士学位论文写的就是《克林斯农业社区几个农业创新扩散产品的扩散分析》（罗杰斯，2016：Ⅴ、Ⅵ）。

在罗杰斯研究创新扩散这 40 年里，除了电视技术变得越来越先进之外，人类所处的媒介环境整体没有太大的变化，一直是以大众传播占主导。

所以，在研究创新扩散的 40 年中，罗杰斯关于媒介对创新扩散所起到的作用，所持的观点一直没有太大的变化：大众媒介和人际传播分别在创新扩散中的不同阶段扮演不同的角色，大众媒介在创新知晓阶段发挥作用，而人际传播则在说服和采纳阶段发挥作用，两种传播渠道的结合能够让创新扩散达到最佳的效果（罗杰斯，2016：322 – 324）。

而到 2003 年，他对《创新的扩散》做最后一次修订的时候，一个巨大的变化让罗杰斯无法淡定，那就是互联网的出现。

彼时，罗杰斯对于互联网的认知还仅限于"互联网是一种组织创新"，"因为个人在家里直接上网的例子比较少"。即便如此，他敏锐地察觉到沟通网络在扩散过程中的角色已经发生变化。他的理由是，在互联网出现之前，人际沟通是微妙的，也是很难掌握的，但是，互联网的应用使得人们通过一个具体的线路来进行沟通，信息都留下记录，这意味着人们的沟通细节有据可查（罗杰斯，2016：368－369）。

在第五版《创新的扩散》中，罗杰斯关注更多的还是互联网自身的扩散过程。但是，在这本书完成之后，他在序言中写道："互联网这种交互式的通信手段将改变扩散的某些过程，如消除或缩短人际交往中的距离。我相信 20 世纪 90 年代互联网的兴起，会改变扩散的过程。"

一年之后罗杰斯辞世，他没有看到接下来十多年内，互联网特别是移动互联网给人类所处的媒介生态环境带来的天翻地覆的变化，这种变化让整个世界都处在兴奋之中。尽管如此，罗杰斯对于互联网将给创新扩散带来变化的预见性，充分展现了一个优秀传播学者的想象力。笔者相信，如果罗杰斯仍然在世，如果他要修订《创新的扩散》第六版、第七版、第八版……一定不会再像前五版一样，每修订一次需要以 10 年为周期，而是要短得多。

二 互联网的扩散

罗杰斯生前的预见，极大地启发了后来的研究者。

更重要的是，他指出，互联网用户的快速扩散，"可能是人类历史上扩散最快的一项创新"（罗杰斯，2016：368－369），这吸引了众多的研究者关注人类这一史无前例的新技术扩散现象。

互联网用户快速增长，在中国农村地区亦是如此。然而，农村地区经济发展不足，难以支撑网络的普及和使用；较低的受教育水平，使农民不具备使用网络的技能和素质；地方政府在网络运行过程中缺位，未能深刻洞察互联网技术所蕴含的巨大能量和可能给农村地区带来的巨大便利（王锡苓、李惠民、段京肃，2006）；农村大部分地区通信基础设施建设落后，无法满足互联网技术对经济和环境的要求（郝晓鸣、赵靳秋，2007），就在一些研究人员还在担心这些问题将严重妨碍互联网在农村地区普及的时候，互联网却并不理会研究者们的忧虑，它按照自己的逻辑得到突飞猛进的发展。

据第 43 次《中国互联网络发展状况统计报告》，截至 2018 年 12 月，我国农村网民规模为 2.22 亿，农村地区互联网普及率为 38.4%，在所有网民中，使用手机上网人群的占比达 98.6%。对于中国农村居民来说，更好的消息是贫困地区网络基础设施建设"最后一公里"被打通，移动流量资费大幅度下降，入网的门槛将进一步降低。

互联网在中国发展和普及速度之快，似乎连给人思考的时间都没有。与此同时，互联网不仅是作为一种通信工具在扩散，而且是作为大多数行业一种效率极高的生产工具，受到普遍重视。互联网以及依托互联网存在的各种应用程序，在大众或者特定人群中普及所引发的各种现象，成为近年来研究热点之一。

在罗杰斯的创新扩散理论之后，诞生了一系列专门用于探讨互联网及相关软件技术在人群中扩散、接受和采纳的理论模型，其中包括信息技术接受模型（TAM）（Davis，1989）、信息技术接受综合模型（DTPB）（Taylor and Todd，1995）、TAM2 模型（Venkatesh and Davis，2000）、整合型科技接受模型（UTAUT）（Venkatesh，Morris，and Davis，2003）、TAM3 模型（Venkatesh and Bala，2008），等等。这些模型不断被优化，不断被改进，被用来解释日新月异的互联网技术与人类交融、共生的现象。

这些新的理论工具出现，为学者研究互联网在农村的扩散现象以及农业创新扩散现象，开阔了视野并且提供了新的视角，是对已有创新扩散理论的极大丰富。

三　回归田野现场

互联网技术只是作为一种工具存在，尽管它比以往同类型的生产工具拥有更多的优势，但是这些优势只有与具体的行业结合起来，才能最终发挥它的威力，例如互联网与餐饮结合，催生外卖行业；与金融行业结合，催生移动支付方式；与出租车行业结合，催生"滴滴出行"平台。

在农业领域，互联网的各种应用也必须与农业结合起来，才能改变农业面貌，提升农业生产效率，所以要研究互联网对农业的改变这一课题，必须要回到田野现场，观察其所起到的作用，预测其未来的潜力。

本书以罗杰斯的创新扩散理论为研究的理论原点，结合后来一系列关于信息技术接受与扩散的相关理论模型，重点探讨经典创新扩散理论中那些已经发生改变的重要因素，如媒介技术变化带来传播渠道的改变，是如何反作用于创新扩散自身的。

罗杰斯总结出创新扩散的四大要素，包括创新、传播渠道、时间和社会体系。其中，传播渠道中最重要的就是媒介传播和人际传播（罗杰斯，2016：13）。显然，媒介的变化最为剧烈：从单向、一对多，精英操控的大众媒介到双向、多对多，赋权普通人的社交媒体，媒介的变化不仅在改变人类的传播方式，并且在改变人类的思维模式（马歇尔·麦克卢汉，2011：15）。

那么，在创新扩散中，媒介工具的这种变化将对其他三大要素如何产生影响？尤其是媒介的变化是如何影响人际传播的？媒介的变化是如何影响社会体系的？媒介的变化是如何影响扩散时间的？这些都值得研究人员重点关注。

具体到农业创新扩散领域，关注媒介变化带来的变化，更具有现实意义。随着农业现代化和全球化的发展，中国农业面临着比以前更大的挑战，这些挑战主要包括三个方面："适应市场需求，改善农产品的供求关系"，"提高农业的质量和效益，增加农民的收入"，"促进农业转型升级，提高竞争力"（《人民日报》，2016）。

要成功地应对这些挑战，提升农民的素质尤其是科技素质和市场意识是必经之路，而基层农技推广队伍是"农技推广事业发展的主力军，是实施科教兴农战略的重要主体，是推动农业科技进步的基础力量"（中国农业技术推广协会，2015：325）。但是，农技员群体的现实状况并不容乐观：前些年公益性推广体系的改变，导致很多地方农技推广组织机构被撤并，经费被缩减。基层农技员工资待遇偏低，优秀人才难以引进，队伍年龄普遍老化，运行机制不规范。基层农技推广机构设施条件落后，工作经费不足，试验示范、检验检测、进村入户等日常工作难以开展（刘振伟、李飞、张桃林，2013：297）。

而互联网特别是社交媒体的普及，及其在众多领域与传统行业结合所爆发出来的巨大能量，让所有人震惊。几乎所有行业都在被互联网改变，鲜有例外。

互联网尤其是社交媒体在人际交往、信息传递以及社会营销方面的巨大优势，与农业技术推广所需要的条件有极强的结合性。这使得各界对社交媒体在农业技术推广中所能发挥的作用充满了期待。

因此，本研究将具体关注以下问题：哪些因素会影响农技员对社交媒体的使用？农技员使用社交媒体之后，是否会有效提升自身的能力和增加资源，包括农技员个体的创新性、媒介使用能力、社会资本等？哪些因素会影响农技员将社交媒体作为农业技术推广的工具，实现社交媒体使用的"再创新"？农技员在工作中使用社交媒体是否会对促进先进农业技术的传播产生实际效果？在工作中使用社交媒体之后，农技员对其满意度如何？哪些因素会影响到这种满意度？

显然，要研究上述问题，必须回到田野现场，才有可能找到真实可信的答案。

所幸，本研究课题组得到湖北省农业厅（2018年11月改组为湖北省农业农村厅）的大力协助，2015年，以2013年当地的农业技术推广绩效为依据，将湖北省共105个县（市、区）（以下简称县）分为高、中、低三个层次，每个层次再随机抽取4个县一共200多个乡镇，对其进行整体抽样。课题组共发放调查问卷1300份，回收有效问卷951份。

2019年3月，为了进一步验证相关的假设，课题组仍然按照2013年全省涉农县农业技术推广绩效考核的数据，在高绩效县、中绩效县以及低绩效县，各随机抽取100名农技员，作为问卷调查的对象。课题组共发放问卷300份，回收问卷250份，去掉14份无效问卷，得到236份有效问卷，有效问卷回收率78.7%。

本研究利用SPSS 22统计分析软件，分别采用多元线性回归模型、A-MOS结构方程模型、逻辑回归模型、探索性和验证性因子分析模型、配对样本T检验、单因素方差分析、AMOS调剂效应检验模型以及Process中介效应分析软件，对不同的样本数据进行分析。

四 整体研究框架

本研究由8篇相互支撑、层层递进的文章组成。这8篇文章各探讨一个社交媒体在农业技术推广中使用的关键问题。

其中，《"工具"变"主角"：农技推广中媒介作用的变迁》是全书的文献综述部分，第二篇到第八篇文章的内在逻辑如图1所示。

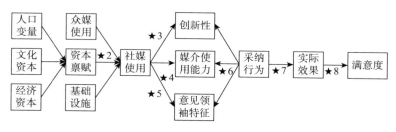

图1　本书研究内在逻辑

注："★2"代表第2个研究报告，以此类推。

8个研究报告的内容要点分别如下。

《"工具"变"主角"：农技推广中媒介作用的变迁》一文梳理并分析了20年来国内创新扩散领域重要的研究成果，笔者发现，学者关注的重点随着媒介的演进而不断变化。这些变化包括：从第一媒介时代关注大众媒介对创新扩散的"助推"功能，到第二媒介时代关注互联网作为一种新的生产工具，成为农业创新扩散的"主角"，再到移动互联网时代关注社交媒体在提升农业创新扩散效率的同时，也在改造农业技术推广自身的形态。

该研究指出，未来创新扩散研究的一个重要方向，是关注社交媒体如何与农业创新扩散自身融合发展。此外，如何填平那些因为没有充分使用社交媒体而更加弱势的人身上所产生的新的"数字鸿沟"，也应该受到重点关注。

《资本禀赋差异与农技员社交媒体使用》分析了资本禀赋差异对农技员应用社交媒体推广农技这一行为的影响。研究发现：在农技员进行农技推广实践中，社交媒体应用尚处于起步阶段，前景可期但发展缓慢。回归分析显示，在控制地域因素和年龄因素的前提下，文化资本和社会资本都对农技员在农技推广中运用社交媒体产生正面影响，社会资本的影响更大，而经济资本的影响则不显著。值得一提的是，社会资本中，社交网络规模的影响较大。整体来说，资本禀赋模型虽然呈统计学显著性，但对农技员使用社交媒体推广农技的影响有限。

《创新性对农技员工作中使用社交媒体行为的影响》重点研究创新性对于农技员在完成农技推广职能方面的重要性。研究结果显示，用罗杰斯的方法将农技员的创新性类型分为"创新先驱者""早期采用者""早期大众""后期大众""落后者"，不同创新性类型的个体在农技推广中使用社交媒体的方式有显著的差异。

利用多项逻辑回归模型进行分析，笔者发现，大众媒介接触变量如日均电视收看时长、社交媒体日均使用时长、每周阅读杂志频率，社会资本变量如社交网络规模，人口统计学变量年龄等，对农技员个体所属的创新性类型均有显著的影响。

《农技员媒介使用能力影响因素实证研究》重点关注社交媒体给农业创新扩散，特别是在提升农业技术推广效率方面带来新的突破口。研究结果显示，包括QQ、微信在内的社交媒体正在成为农业技术推广的重要工具。但是，基层农业技术推广人员的媒介使用能力并不乐观。研究还发现，刺激农技员对先进农业技术的需求感知，提高组织的重视程度，加大农技员媒介接触强度，提升农技员的文化资本、社会资本，有助于提升农技员的媒介使用能力。该文对传统农业创新扩散领域比较薄弱的研究环节——媒介作用进行了研究，也为提升基层农技推广人员的关键素质提供了新的思路。

《社交媒体使用对农技员意见领袖特征的影响研究》认为，一名出色的农技员应具备有较广的影响范围、较强的专业知识及媒介使用能力、较强的说服能力等意见领袖特征。如何增强农技员的意见领袖特征呢？该研究发现，利用社交媒体与同事以及农民沟通的业缘联系强度能有效预测农技员意见领袖特征，社交媒体上信息获取行为、业务交流行为与农技员影响范围显著正相关。该研究得出结论，充分发挥社交媒体的沟通优势，促进农技员之间、农技员与服务对象农民的交流，加强农技推广领域相关人士之间的联系，创建更多的线上农技交流网络，有助于更好地发掘群体智慧，提升先进农业技术的推广效率。

《农技员在工作中采纳和使用社交媒体的影响因素研究》重点关注基层农业技术推广人员是否会在工作中采纳社交媒体作为推广工具，又会在多大程度上使用它。通过借助成熟的模型，如 TRA（理性行为理论）、TPB

（计划行为理论）、TAM（信息技术接受模型）、DTPB（信息技术接受综合模型）等，特别是在 DTPB 的指导下，课题组试图寻找那些能够影响农技员采纳社交媒体作为农技推广工具的因素。课题组利用二元逻辑回归模型以及多元线性回归模型对数据进行分析，发现农技员的行为态度、主观规范、感知行为控制都影响着他们的接受行为。其中，影响力最大的是主观规范。

研究结果提醒农业部门，在农村地区对农技员进行智能手机应用培训时，促使他们与同事、同行更多交往，比单纯向他们传授如何利用社交媒体获得先进农业技术知识更有效果。

《社交媒体对绿色农技推广的影响及相关调节作用》重点研究如何更好地提升农技推广效率。该研究分别于 2015 年和 2019 年问卷调查 951 名和 236 名农技员，结构方程模型分析的结果显示，随着时间的推移，社交媒体在提升绿色农业技术推广效果方面的作用越来越显著。

对性别、学历、年龄、收入、地域、对使用手机上网的满意度、创新性、媒介使用能力、对绿色农技信息需求程度、对自身形象感知等变量进行调节效应假设的检验，结果发现：在利用社交媒体提高绿色农技推广效率方面，40 岁及以下的农技员做得最好，女性农技员比男性农技员表现优异得多；农技推广绩效越高的县的农技员表现越好；创新性较强、对自身形象感知较好、媒介使用能力较强的农技员更加出色。

《社交媒体使用效果满意度影响因素及相关中介作用》关注农技员使用社交媒体作为农技推广工具之后，对使用效果的满意度状况以及影响满意度的相关因素。结果发现，社交媒体使用动机能够有效地预测农技员使用社交媒体推广农技后的效果满意度；社会资本在社交媒体使用与满意度之间起到显著的中介作用。

该文最重要的发现是，社交媒体对于农技推广的促进作用，不在于农技员把社交媒体当作自我学习、增长知识的工具，而是利用社交媒体拓展和提高与同行和服务对象交流的范围和频率，提升农技推广效果。本研究认为，应鼓励各相关群体利用社交媒体的便捷性成立一个大规模、多元化的协作体。这一研究结果，为更好地发挥社交媒体在促进农村地区生产中的作用指明了方向。

上述 8 篇报告虽然各有侧重点，但也相互支撑，从不同的角度出发，共同勾勒出社交媒体在农业技术推广中的应用路径，也系统地回答了本研究提出的一系列问题。

其中最重要的发现归纳起来包括：社交媒体已经成为农技员推广农业技术的新工具；社交媒体使用之后对先进农业技术推广有非常实在的促进效果；社交媒体在农业技术推广中起作用的路径，并非此前想象的是通过提升农技员自身对知识的掌握而间接起作用，而是因为使用了社交媒体，农技员与专家、同行、服务对象之间形成更密切的联系，促使虚拟农技交流社区的形成，而虚拟社区则充分发挥了群体智慧的作用，这才是社交媒体在农业技术推广中发挥作用的主要原因。

当然，本研究还有很多局限，这些局限同时也为下一步更深入地研究社交媒体在农业技术推广中的作用指明了方向。

参考文献

郝晓鸣、赵靳秋，2007，《从农村互联网的推广看创新扩散理论的适用性》，《现代传播（中国传媒大学学报）》第 6 期。

刘振伟、李飞、张桃林主编，2013，《农业技术推广法导读》，北京：中国农业出版社。

罗杰斯，2016，《创新的扩散（第五版）》，唐兴通、郑常青、张延臣译，北京：电子工业出版社。

马歇尔·麦克卢汉，2011，《理解媒介：论人的延伸》，何道宽译，南京：凤凰出版传媒集团、译林出版社。

《人民日报》，2016，《推进农业供给侧结构性改革　培育农业农村发展新动能》，12 月 21 日，第 1 版。

王锡苓、李惠民、段京肃，2006，《互联网在西北农村的应用研究：以"黄羊川模式"为个案》，《新闻大学》第 1 期。

中国农业技术推广协会、全国农业技术推广服务中心、《中国农技推广》杂志社编，2015，《中国基层农业推广体系改革与建设——第八届中国农业推广研究征文优秀论文集》，北京：中国农业科学技术出版社。

Davis, F. D. 1989. "Perceived Usefulness, Perceived Ease of Use, and User Acceptance of Information Technology." *Mis Quarterly* 13 (3): 319 – 340.

Taylor, S. and Todd, P. A. 1995. "Understanding Information Technology Usage: A Test of

Competing Models. " *Information Systems Research* 6 （2）: 144 – 176.

Venkatesh, V. , Morris, M. G. , Davis, G. B. 2003. " User Acceptance of Information Tech-nology: Toward a Unified View. " *Mis Quarterly* 27 （3）: 425 – 478.

Venkatesh, V. and Bala, H . 2008. " Technology Acceptance Model 3 and a Research Agenda on Interventions. " *Decision Sciences* 39 （2）: 273 – 315.

Venkatesh, V. and Davis, V. F. D. 2000. " A Theoretical Extension of the Technology Accept-ance Model: Four Longitudinal Field Studies. " *Management Science* 46 （2）: 186 – 204.

目　录

第一部分　农技员社交媒体的使用能力

农技员社交媒体的使用能力

"工具"变"主角"：农技推广中媒介作用的变迁

农业创新扩散是传播学研究的经典领域，在大部分时间里，对该领域的研究是以大众媒介是主导的媒介环境为前提的。近年来，媒介技术不断改进，从个人计算机到功能手机，再到智能手机，特别是移动互联网及社交媒体的出现，使得农业创新扩散的媒介环境发生了颠覆性改变，演化中的媒介在农业创新扩散中的作用也在不断改变。幸运的是，这一过程中，中国与世界同步。那么，在传播学视野里，研究者们如何审视这种改变呢？

通过梳理并分析 20 年来国内创新扩散领域重要的研究成果，笔者发现，学者关注的重点随着媒介的演进而不断变化：从第一媒介时代关注大众媒介对创新扩散的"助推"功能，到第二媒介时代关注互联网作为一种新的生产工具，成为农业创新扩散的"主角"，再到移动互联网时代关注社交媒体在提升农业创新扩散效率的同时，也在改造农业技术推广自身的形态。

未来研究的一个重要方向，是关注社交媒体如何与农业创新扩散自身融合发展。此外，如何填平那些因为没有充分使用社交媒体而更加弱势的人身上所产生的新的"数字鸿沟"，也应该受到重点关注。

一 媒介技术发展如何影响传统农业

一方面是走向全球化的现代农业，另一方面是中国传统农业，两者之间存在较大差异。现代农业讲究的是规模、标准和市场的灵敏度（陶武先，2004），这些是传统农业很难具备的。

面对全球化农业大市场，适应能力最强的是土地广袤、人烟稀少而工业基础雄厚、科技发达的美国、澳大利亚、加拿大这样的发达国家。在利润动机的刺激和推动下，这些发达国家可以发展大规模石油农业和资本密集型农业，迅速普及先进农业技术，能够用大量低价、优质的农产品左右全球市场（张蓝水，2016；张利，2018）。欧美发达国家的农业，依靠优越的地理条件、丰富的农业资源和合理的人口结构条件实现规模化经营，其组织和沟通效率较高，使得农业达到规模性和灵活性的有机统一。近年来，发达国家还大力推动农业信息化，采用现代的信息采集、传播、互动工具，进一步提升农业的现代化，更好地适应全球市场（周金花，2011）。

与之相对应的是中国传统农业。其特征是，土地被分割为千万个小块，每块的经营权在不同的农户，这导致难以形成规模，难以形成标准化，对市场的变化也缺乏及时的洞察，农户反应比较迟钝（徐振宇，2011：1）。究其原因，是中国传统农业异质性程度高于欧美国家，在传统的大众媒介和人际沟通方式下，组织成本很高，没有办法将千家万户的力量凝聚起来。分散经营，不但难以形成规模，也会妨碍先进农业技术的普及、农产品结构的调整，使之滞后于千变万化的全球市场需求（徐振宇，2011：10）。

为了克服中国传统农业"小而散"的痼疾，数十年来，国家采取了很多措施，比如建立农民专业合作社、完善农业技术推广体系、建设综合农业信息平台如"农技110"等，其思路是综合利用各种工具，包括媒介的、人际的、组织的，以达到提高组织和传播效率为目的。但是，由于现有的运作体制低效、技术装备程度不够先进等原因，效果非常有限（罗必良，2009：123；许竹青，2015：201），无法真正形成低成本、快速、便捷的引导模式，继而无法改变农民的传统生产习惯，让新观念、新技术、新品种在广大农民中迅速普及。

不过，各级农业、农村部门仍在继续努力，寻求新的突破方式。在农业资源、地理环境、人口结构等物质条件短时期内难以有较大改观的情况下，现代信息技术日益受到重视，国家不断加大对农业农村信息化建设的资金投入力度。现代信息技术带来高效的信息采集、整理、存储、传播、互动的工具，特别是各种新媒介，例如互联网、手机、社交媒体等，实现组织、交流效率的提高，并大幅降低成本（许竹青，2015：2-3）。对这些新媒介在传统农业适应现代大市场过程中所能起到的作用，各界充满期待。

芝加哥学派查尔斯·库利（Cooley，1967：61）将"媒介"定义为

"手势、讲话、写作、印刷、信件、电话、电报、摄像术以及艺术与科学的手段，即所有能把思想和情感由这个人传给那个人的方式"。随着 20 世纪媒介技术发展进入高潮期，媒介成为社会的重要组成部分。马歇尔·麦克卢汉、哈罗德·伊尼斯等媒介环境学派的代表通过构建媒介科技理论，重新定义了"媒介"，即"技术性存在"。媒介被用来指传播方式以及让这些方式成为现实的技术形式，如报纸、收音机、电视、书籍、照片等（约翰·费斯克等，2004：161）。因此，媒介具有"实体性、中介性、拓展性"（段京肃、杜骏飞等，2007：54－55）。

关于媒介的分类，本研究采用马克·波斯特（2005：5－16）以时代来划分媒介的方法。波斯特将信息制作者有限，而信息消费者众多的单向型传播模式占主导的时代称为第一媒介时代，包括报刊、电视、广播在内的大众媒介是第一媒介时代的主要媒介；而将以媒介内容的制作、分发和消费合为一体的双向型、去中心化的交流模式为主导的时代称为第二媒介时代，这一时代以互联网为代表，包括社交媒体以及立足于互联网的各种 App 应用。

在第一媒介时代或者大众媒介时代，美国学者罗杰斯作为农业创新扩散研究的鼻祖，在该领域最重要的理论贡献，就是强调"大众媒介与人际传播在创新扩散的不同阶段中分别扮演了不同的核心角色"（祝建华、何舟，2002）。自罗杰斯之后，新媒介的出现，总是能够引发研究者们对其在农业创新扩散中提升沟通效率、降低沟通成本的期待。"媒介技术越先进，科技知识的传播范围就越广，传播速度就越快"（任建红，2004）。

近 20 年来，媒介的进化不负众望，飞速进行迭代：从大众媒介到家庭计算机，再到手机、移动互联网及社交媒体，世界进入第二媒介时代。互联网的普及，使其重要性被提到与引发第二次产业革命的电能一样的高度。在很多人看来，互联网不仅是一种工具，更是一种能力，一种新的 DNA，与各行各业结合之后，能够赋予后者新的力量和再生的能力（马化腾等，2015：2）。互联网被凯文·凯利（2016：328）称为"同乐性科技"，也就是能够对其他科技带来启发的科技，互联网显然具有这种功能，所以很快就变得无所不在。如今，互联网特别是社交媒体以极快的速度重新构筑和定义了我们所处的媒介环境。

具体到农业创新扩散领域，在发生巨变的媒介环境中，社交媒体以其碾压传统媒体的优势，似乎让人们看到了一种可能，那就是社交媒体成为一种全新的沟通工具，将千家万户凝聚在一起，胜过以往所有类型的大众媒介。

更重要的是，农村居民对于社交媒体并不局限于只是学会使用一种有用的新工具，而是以使用社交媒体为契机，熟悉互联网思维模式：创建透明互动、自由交流的平台；推崇自治，灵活应变；勇于创新，不断学习。而这些是构成互联网思维的基础元素（戴夫·格雷、托马斯·范德尔·沃尔，2014：1）。正如麦克卢汉所言：传播媒介最重要的效果在于它影响我们理解与思考的习惯（Severin and Tankard，2006：243）。亦如世界电信/ICT 发展报告中认为的那样，"信息沟通技术已经不仅是信息传播媒介，更是一种新的发展引擎"（International Telecommunication Union，2006）。

社交媒体开启的思维方式的转变，比如多样性或者多元化观念的建立，将为破除传统农业"小而散"的生产方式带来想象空间。思维或者观念的多样性，既是科技的动力，也能够为世界带来力量（凯文·凯利，2016：323）。只有在多样性带来更多选择的基础上，人们才有可能在更广泛的范围内基于共识而达成一致。就像在工业科技领域那样，科技扩散的趋势是全球各地采用一致的方法（凯文·凯利，2016：321）。这种一致最终会形成全世界共享的基本原则。凯文·凯利曾经写道："今天的世界基础架构建立在共享的系统上，由多种标准交织而成。"（凯文·凯利，2016：320）因大家共同遵守这些标准，所以中国订购的机械零件可以卖到美国、欧洲。

或许，这里面就隐藏着中国传统农业对接现代大市场的"密码"：通过新的沟通方式，农民有机会了解和熟悉为全世界所共享的基本原则。在遵循这些基本原则的基础上，中国农民再去思考自身的特色与外界所需之间的结合方式以及程度，最终生产出更多能够走向外界的产品。换言之，在互联网思维的引导下，传统农业的目标必然是与市场接近，并被市场接受（周振兴，2015）。这一过程有点像本土知识只有被统一认同的原则所兼容，才有可能被广泛承认和接纳一样（凯文·凯利，2016：367）。

当然，实现这些的前提，是要有能够在全球范围使用、成本极低、普通人也能够快速掌握、使用起来方便快捷的沟通工具。显然，以社交媒体为代表的移动互联网已经在技术层面和媒介环境上实现了这一点。

因此，研究媒介变化特别是眼下社交媒体对农业创新扩散的影响，就变得十分有意义。这既是延续和完善现有传播学研究的需要，也可以满足现实发展对理论指导的渴求。

为了解近 20 年来农业创新扩散中媒介作用的研究现状，本文以中国知网 CNKI 为数据源，以"媒介""报纸""电视""杂志""计算机""互联网""信息技术""社交媒体"等为关键词，与"创新扩散""技术采纳""技术接受"两两组合作为检索词依次检索。同时，限定被检索文献的研究对象为涉农领域，文献检索时间截至 2019 年 7 月。在此基础上，兼顾主题相关性、研究类型、作者水平、引用率等因素，对初步检索获得的研究样本进行清洗和筛选，从 1100 篇文献中确定 58 篇作为研究样本。同时，搜索相关著作 40 余部。

利用这些样本，本研究希望能总结出近 20 年来关于农业创新扩散中媒介作用研究演变的状况，并对未来该领域的研究重点进行预判。

二 大众媒介对农业创新扩散的"助推"

在罗杰斯的《创新的扩散》第五版面世之前，研究人员在农业创新扩散领域对媒介关注的重点是在第一媒介时代背景下，大众媒介在早期农业创新扩散中所起到的助推功能。研究的重点是对这种功能的存在加以验证，继而探讨提高这种效果的可能性。

这里面所提到的大众媒介或大众传播媒介，简言之，就是大众传播中所使用的媒介。大众传播是通过报纸、杂志、书籍、电影、广播、电视等传播工具向受众传递信息的过程。大众传播的特点包括：具有组织性，传者如媒体机构通常是分工细致的庞大机构；传播的内容具有公开性和易逝性，传者通常非常注重传播时效；选择性强，传者对受众，受众对传者，传播工具、传播内容、传播时间，均可以自由选择；受众群体的模糊性，大众媒介往往无法精准地描述其受众个体的情况；大众媒介在信息传递上具有单向性（段京肃、杜骏飞等，2007：56）。

创新扩散理论作为研究大众传播效果的经典理论，由美国学者罗杰斯于 20 世纪 60 年代提出。其理论基础要追溯到 1943 年美国农业社会学家瑞安（Bryce Ryan）和格罗斯（Neal Gross）对艾奥瓦州杂交玉米推广的研究。创新扩散理论是"一个关于通过媒介劝服人们接受新观念、新事物、新产品的理论"（匡文波，2014），侧重于研究大众传播媒介对社会和文化的影响。

罗杰斯是以"皮下注射模型"和"两级传播模型"为理论起点探讨大众媒介与农业创新扩散之间的关系的（罗杰斯，2016：322）。他最重要的论点是，在个体做出创新决策的不同阶段，不同的信息来源或者传播渠道的功能不一样。创新决策包括认知阶段、说服阶段、决定接受或者拒绝阶段、执行阶段、确认阶段。其中，在认知阶段，大众媒介作为认知性知识的来源起作用，而到了决定接受或者拒绝阶段，人际关系中的说服起重要作用（罗杰斯，2016：322）。对此，祝建华、何舟（2002）等学者认为，强调大众媒介与人际传播在这些阶段中分别扮演的核心角色是创新扩散理论的"最大贡献"。

尽管罗杰斯意识到，"皮下注射模型"过于简单、粗略和呆板，无法精确地评估媒介功能；而"两级传播模型"忽略了个体决策过程中的时间序列问题，过于简化，不能全面解释不同的信息来源和渠道在创新扩散中所起到的作用，但是，罗杰斯对大众媒介在创新扩散中所起到的作用，也仅限于"意见领袖比追随者更加关注大众媒介"；意见领袖能够得到肯定，是因为他们充当了"社会体系从外界引进新观念的主要窗口"这个角色；意见领袖与外界的沟通联系"可能是通过大众传播沟通渠道"等这些语焉不详的表述（罗杰斯，2016：337）。

大众媒介（有学者称为"大众媒体"）到底在农业创新扩散中起到什么样的作用？效果如何？在罗杰斯研究的基础上，很多学者做了进一步的研究。

陈焰（2017）将大众媒体的优势归纳为四个方面。覆盖面广，国家实施的广播电视村村通工程，实现了广播电视对农村居民的全覆盖；国家实施的农家书屋工程，实现了各村都可阅读到图书报刊。使用便捷，大众媒介不受人员、场地、设备的限制，可实现全天候、全时段，无须特意准备地使用。公信力强，图书、报纸、期刊、广播、电视等，由于长期的信誉积累，树立了客观、公正、实事求是的社会形象。影响力大，大众媒体拥有庞大的用户群体，是农村居民获取信息的主要渠道。基于此，陈焰判断，大众媒体在农业创新扩散中所起的作用要大于科技咨询、人际交往、科技培训、知识讲座、田间观摩、科普走廊等其他形式。

高启杰（2013：192）总结了大众媒介在创新扩散中的功能：在相对落后的农村地区，报纸、杂志、图书能够及时为农户提供农业动态、生产使用技术、市场信息等；电视、广播作为普及最广、传播最直接的方式，能够及时地为广大农户提供政策法规、生产使用技术、技能培训、市场信息等。黄家章（2012：49）则认为，在互联网出现之前，大众媒介已经成为农村生产工作者获取农业科技信息的重要渠道，仅次于农业技术推广站。但是，他也认为，从农民的接触率和采用率来看，大众传播仍然不及人际传播和组织传播。

一些实证研究还从技术采纳者的角度证明：人们对新事物的采纳往往与其大众媒介使用水平显著相关（李秀珠，2004；张明新、韦路，2006）。

以上学者提出的大众媒介在农业创新扩散中起作用的观点，其实没有摆脱罗杰斯创新扩散理论的窠臼，即虽然承认大众媒介在农业创新扩散中起作用，但同时认为这种作用是间接的：大众媒介先影响农业生产领域的意见领袖，再通过意见领袖推动农业创新的扩散。

如果深入追问下去：如何测量大众媒介在农业创新扩散中的具体效果？应该采取怎样的具体措施来持续提升这种效果？学者们要么刻意回避，要么大而化之。这也不奇怪，这与大众媒介在农业创新扩散中的作用定位在间接"助推"功能上是一致的。

不过，很快，大众媒介对农业创新扩散所起的间接作用，会因时代的变化受到冲击。

一方面，随着互联网的兴起，大众媒介的主要功能和优势均被互联网所取代，其在社会生活中的地位岌岌可危，覆盖面、影响力大不如前；另一方面，农业现代化程度和市场化程度的提高，使先进农业技术更加多样化、复杂化。据统计，仅在"十一五"期间，我国就推广应用主要农作物新品种2600多个，良种覆盖率达到95%以上，农作物耕种收综合机械化水平达到52%，粮食单产比20世纪50年代翻了两番。2011年，我国农业科技进步贡献率达到 53.5%，农业科技已成为推动农业农村经济发展的主要力量（刘振伟、李飞、张桃林，2013：23）。此外，我国人均耕地面积、水资源量明显低于世界平均水平；主要农产品需求刚性增长；农业结构不合理，农产品加工附加值低；食物安全、生态安全形势严峻，这些问题需要通过大量的农业科技创新以及快速将这些创新应用到农业生产实践中来解决（刘振伟、李飞、张桃林，2013：24）。

社会经济越是发展，对先进农业技术推广的要求就越高，也就越需要寻找更有效率、更便捷、更适用的沟通工具，加快新技术推广的速度，并扩大覆盖面。大众媒介对农业创新扩散所起到的间接作用及其日益削弱的影响力，使其在应对农业技术扩散的新要求上显得力不从心。

相关研究对此也毫不讳言。早在 2002 年大众媒介处在鼎盛期的时候，就有研究人员对大众媒介在农业创新扩散中能否发挥更大的作用提出疑问：广播虽然经济、及时、覆盖面广、听众多，但是科技节目少，时间安排不合理；电视虽然影响力大，但是对农节目不接地气，农民根本不爱看；农民虽然喜爱看农村报刊，但作为发行方的邮局，由于农村偏远邮路亏本而不愿意经营，所以拖期、缺期情况严重，影响农民订阅的积极性（郑威、黄晦蕾，2002）。

随着互联网的出现，大众媒介在农业创新扩散方面的不足表现得更加明显。有研究认为，尽管报刊、电视等传统大众媒介系统性较强、准确性高，但是让亟须采纳先进农业技术的农业工作者们越来越难以忍受的是，从传统渠道获得的知识时效性极低、不接地气，可利用程度也非常低（熊晶晶、曲波、何林、陈章，2017）。另一些研究将大众媒介与互联网媒介进行对比，认为大众媒介在创新扩散作用上存在三大不足：就服务对象而言不够精准，农业生产人员的需求千差万别，大众媒介由于自身能力所限，只能选取相对适用性广的内容进行制作和传播，导致其无法满足农业生产者的个性化需求，让有先进农业技术需求意愿的人感到不适用、不好用；对于图书、报刊等媒介，受众要具有较强的媒介素养，这妨碍了大众媒介在农业创新扩散中发挥功能；缺乏互动性，与互联网媒介相比，大众媒介虽然也开通了电话热线、设置了信箱等与受众互动，但是显然这些互动方式受到诸多限制，不可能成为普遍行为。而先进农业技术的普及，是一个社会化过程，需要传授双方不断地进行互动、切磋，才能消除认知死角，达到最好的推广和扩散效果（陈焰，2017）。

三 互联网作为农业创新扩散的"主角"

如前文所述，大众媒介作为组织及沟通工具由于自身的局限性，无法在农业创新扩散中发挥更大的作用（杨林等，2011）。但是，为了打破传统农业"分而散"的局面，寻找更有效的组织及沟通工具的内在驱动力一直存在。只要更有效率、成本更低的新媒介出现，就会引起农业工作者中那些"创新先驱者"的尝试，看其在广大农村地区的适用性如何（Severin and Tankard，2006：254），继而引起研究者们的兴趣。

最近20年，随着互联网技术的发展，新型媒介不断出现，从家庭计算机到功能手机、互联网，再到智能手机，特别是进入移动互联网时代，以移动互联技术和智能手机为基础的社交类媒介如QQ、微博、微信、知乎、快手、抖音等迅速得到广泛使用。其中，有一些已经在农村地区普及，并被用到农业生产领域，如QQ、微博、微信等；还有一些因为过于新颖，与农业生产结合的尝试才刚刚萌芽。

这些成本更低、使用更方便、沟通更有效率的媒介涌现，给在农村地区有传播需求的人（比如负责先进农业技术推广的基层农技推广人员和承担国家农业政策传播、执行任务的基层农村干部）带来更多想法，也进一步提升了他们的能力。

这一进程也受到国家的关注。近年来，国家通过大力推进农业信息化来促进互联网以及新型媒介在农村地区的扩散与应用。

从2004年起，党中央、国务院每年颁布的中央一号文件基本上是以"三农"为主题，从中可以判断出国家农业农村政策的关注点。经研究笔者发现，几乎每份一号文件都关注农村信息化问题，尤其是2012年的中央一号文件。在这份文件里，"信息"这个关键词的出现频率较高，多处直接阐述了农业农村信息化政策。文件中特别提到要"强化基层公益性农技推广服务"，强调"改进基层农技推广服务手段，充分利用广播电视、报刊、互联网、手机等媒体和现代信息技术，为农民提供高效便捷、简明直观、双向互动的服务"（中共中央、国务院，2012）。

从这份文件可以看到，国家对农村信息化工作的推进已经从局部过渡到全局；强调要整合农业信息资源，加强农业信息体系建设；强调面向农业生产实际需要，利用现代信息技术创新农技推广和服务农业生产；强调信息化在农产品流通领域的应用（王文生，2012）。

现代信息技术的快速发展，国家政策的大力推动，加之信息化对"三农"工作的重要性日益被大众所认知，使得互联网及新媒介在农村地区的扩散迎来了一个良好的社会环境。

从农民角度来看，他们密切关注农产品市场的动态，早已不再满足于传统的技术培训，迫切需要先进的技术与市场信息指导，需要更个性化的服务（周振兴，2015）。根据使用与满足理论，当用户发现其生产生活中这些重要的需求无法被传统媒介满足，而互联网及新媒介可能满足这种重要需求时，其对新媒介的采纳以及使用行为就有可能被激发（祝建华，2004）。因此，互联网以及新媒介在农村地区快速普及，被赋予特殊意义，成为解决"三农"问题的一个关键点。

至此，通过自身不断的进化，媒介在农业创新扩散中的地位已经发生转变，由原来对其他创新扩散的"助推"角色，逐步变成农业创新扩散的"新主角"。互联网及新媒介已经成为农业生产的重要工具，需要在农村地区大力推广和普及（樊佩佩，2010）。

与具体推广某项特定的农业新技术相比，让农民学会使用新的媒介工具显得更加迫切。"授人以鱼不如授人以渔"。一旦农业工作者掌握了能够与外地同行密切沟通的工具，新的信息和知识就会源源不断涌来。农业工作者也可以通过这种渠道更深入地了解和掌握自己关注和感兴趣的技术。与此同时，针对农民的农业技术推广服务也由原来统一、"一刀切"的组织行为，变得更加个性化，更为具体，更接地气。这显然是各方愿意看到的结果：先进的沟通工具能够让农业工作者接触到更多的先进农业技术并更深入地掌握这些技术。新媒介的这种赋能作用，不是让农业工作者单纯地掌握一两项具体的先进农业技术所能比拟的。

互联网技术的发展有它自身的规律。互联网是否会给农业技术推广工作带来可能？答案是肯定的。互联网技术促进共享经济发展，人们已经从中感受到了这种强大的力量（罗宾·蔡司，2015：12）。正如移动互联网与出租车行业的结合，催生了"滴滴出行"平台；移动互联网和餐饮行业的结合，催生了外卖行业；移动互联网和金融行业的结合，正在颠覆传统金融模式（罗宾·蔡司，2015：77－90）。毕竟，技术的使用效果是无法被接受者和开发者预测到的（马丁·李斯特等，2016：102），这也是国家和社会各界高度重视农业信息化的原因。

基于上述认识，如何加快互联网以及新媒介在农村地区的使用和普及，成为一段时间以来学者关注和研究农业创新扩散领域的重点。

应该看到，农业创新扩散研究者们关注互联网及新媒介的使用以及普及是与整个社会需求同步的。因为，几乎所有的行业都受到互联网及新媒介的影响。

这类研究已经不限于农业创新扩散领域，而是跨领域地成为一个新的研究类别：信息技术的接受和采纳。这个研究领域是针对互联网以及新型媒介的扩散问题而开辟的。

信息技术接受模型（TAM）（Davis，1989）被广泛用于描述互联网、社交媒体和其他信息技术。该模型立足于理性行为理论（TRA）（Fishbein and Ajzen，1975），用最容易掌握的理论框架来解释为什么人们会选择接受或者拒绝一项技术。理性行为理论认为，态度和行为意图可以预测行为。最早版本的信息技术接受模型，通过调查用户"感知有用性"和"感知易用性"来解释用户产生接受行为的原因，或者对结果进行预测。显然，用户对一项新技术的"感知有用性"和"感知易用性"，会影响他们对新技术的态度。当用户对新技术持肯定态度时，就会产生接受该技术的行为（见图1）。

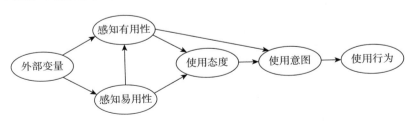

图1 信息技术接受模型（TAM）（Davis，1989）

运用信息技术接受模型可以很好地审视互联网及新媒介扩散的过程。近20年来，互联网技术不断迭代，变得越来越容易使用，扩散速度也越来越快。也就是说，无论是从"感知有用性"还是从"感知易用性"来看，互联网及新媒介都在不断提升和优化过程中。

随着互联网技术迭代加快，为了更好地解释互联网在全球越来越快地渗透，泰勒（Taylor）和托德（Todd）将信息技术接受模型和计划行为理论（TPB）进行整合，发明了信息技术接受综合模型（DTPB）（Taylor and Todd，1995）（见图2）。DTPB被誉为信息技术整合研究的里程碑，其所依托的计划行为理论正是在理性行为理论的基础上发展而来的，与后者相比，计划行为理论在影响行为意愿因素的基础上，新增加了自我管控的观念和认知。所谓自我管控，是指用户对实施目标行为所需要的自身能力所做的判断，比如自我效能（Ajzen，1991：179 – 211）。

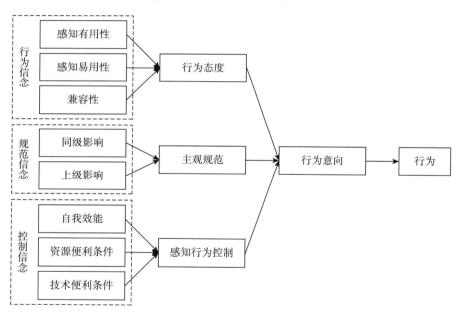

图2　信息技术接受综合模型（DTPB）（Taylor and Todd，1995）

DTPB对TAM进行了进一步扩充，在预测用户对信息技术采纳的因素框架中，除了行为态度因素之外，还加入了两个因素：一个是包括社会影响在内的主观规范因素；另一个是用户个体的感知行为控制因素，也就是用户对自己使用信息技术能力的预判。显然，这两个因素的加入，大大提升了模型对用户信息技术采纳行为预测的准确率。

除此之外，TAM 自身也经历了大量修正，后推出了 TAM2 模型，继而文卡特希（Venkatesh）等在整合理性行为理论、创新扩散理论、动机理论、PC 使用模型、信息技术接受模型、计划行为理论、信息技术接受综合模型、社会认知理论八大理论的基础上，推出了整合型科技接受模型（UTAUT）（Venkatesh，Morris，and Davis，2003）（见图 3）。

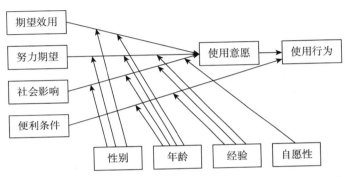

图 3　整合型科技接受模型（UTAUT）（Venkatesh，Morris，and Davis，2003）

UTAUT 将"期望效用"、"努力期望"和"社会影响"作为影响用户"使用意愿"的三个子因素，然后，"使用意愿"再和"便利条件"一起对用户的"使用行为"产生影响。该模型同时提出，"性别""年龄""经验""自愿性"四个变量会对上述过程产生调节效应。

对于 UTAUT，研究者们存在一些争议。很多研究者认为，变量的增加导致模型过于复杂，不利于应用和测量，很难用于实践（史蒂芬·达尔，2018：61）。

上述这些不断优化的模型，为探索互联网及新媒介在农村地区扩散提供了非常实用的工具。

四　是什么影响互联网在农村地区的扩散

从上文分析可知，研究互联网以及新媒介，包括建立在移动互联网基础上的各种应用工具在农村地区的扩散，除了罗杰斯的创新扩散理论之外，可用的理论工具越来越多。信息技术接受模型、整合型科技接受模型以及信息技术接受综合模型的提出，激发了研究人员探索互联网、新媒介以及各种互联网应用工具如何扩散的兴趣。

从 1997 年互联网进入中国社会之后，互联网和新媒介研究逐渐成为传播学领域研究的热点（张小强、杜佳汇，2017）。学者对不同类型的新媒介——从家用计算机到互联网，从功能手机到智能手机，从垂直网站到社交媒体，从 QQ 到微博、微信以及各种移动应用——在不同人群中的扩散进行了相关研究（杨伯溆，2000；周裕琼，2003；李秀珠，2004）等。

其中，最受传播领域研究人员关注的群体是新闻从业人员以及高校大学生，关注前者是因为这个群体对新媒介特别敏感，而关注后者是因为其对新生事物接受比较快。这两个群体都是祝建华与何舟（2002）所指的"首属群体"，也是人们在考察互联网扩散时最先关注的对象。当然，这两个群体也是传播学者比较熟悉和容易接触到的群体。从研究区域来看，早期关于互联网扩散的研究，主要集中在城市地区（张明新，2006）。

与此同时，传播学者对互联网以及新媒介在农村地区或者农民群体中扩散的研究数量，要远远少于对城市或者新闻从业者、学生等群体的研究。这既有互联网早期在农村地区扩散比较迟缓的原因，也有在农村做相关研究难度较大的原因。

即便如此，以现有关于互联网以及新媒介在农村地区的扩散研究，再结合传播学者对其他人群的相关研究，仍然可以找出影响互联网在农村地区扩散的主要原因以及勾勒出扩散之后互联网及新媒介的使用效果情况。

综合有关研究成果可以发现，在不同时期，影响互联网在农村地区扩散的原因有非常大的差异。

在互联网进入中国之后的最初 10 年，用罗杰斯的创新扩散理论来描述，互联网正处在创新扩散的 S 形曲线进入爬坡期之前的阶段（罗杰斯，2016：289）（见图 4）。在这个阶段互联网主要依托的载体是家庭和个人计算机。

在这个阶段，互联网向社会的渗透刚刚起步，中国网民从 2000 年的 1000 万人增加到 2007 年的 1.6 亿人，2007 年国内互联网普及率仅为 12%（方兴东、潘可武、李志敏、张静，2014）。当时还处于互联网发展的摸索期，对于互联网的管理也处于初级阶段。在该阶段，与互联网使用相关的基础设施并不完善，互联网使用载具计算机也比较昂贵。

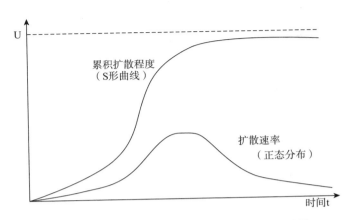

图4　创新扩散的S形曲线（罗杰斯，2016：289）

这样一来，经济发展不平衡、地区差异等因素，就会在客观上造成互联网使用的门槛较高，这让人们产生了对互联网的不平衡使用可能会带来"数字鸿沟"的忧虑（胡鞍钢、周绍杰，2002）。社会普遍认为，对以互联网为代表的新兴信息技术的采纳，对个体或者组织而言，意味着参与和发展的新机会。而"数字鸿沟"会妨碍一部分个体获得这种参与和发展的新机会。这种因"接入"不平衡导致的差距，也被称为"第一道数字鸿沟"（Attewell，2001）。

要填补"数字鸿沟"就需要找到"第一道数字鸿沟"产生的原因。

归纳这个阶段对互联网在中国农村以及参考其在城市扩散的相关研究可以发现，研究人员普遍关注经济因素，技术因素，地区内人口分布、文化教育水平、文化消费能力、政策法律环境和地区外环境等对互联网推广的影响（金兼斌、吴科特，2006）。

从地区差异来看，郑素侠（2007）认为，发达地区和欠发达地区的社会经济文化差异，导致互联网在中国扩散的区域性差异。祝建华、何舟（2002）的研究也显示，不同地区经济发展水平不一样，其互联网普及的程度也不一样。

从经济发展状况来看，王锡苓、李惠民、段京肃（2006）的研究发现，经济发展落后，阻碍了互联网的使用和普及，限制了互联网在西北农村的渗透。具体到家庭和个人，当时较高的互联网使用成本，将很多农民阻挡在互联网大门之外（焦硕、徐飞、周鸿松，2004）。金兼斌、吴科特（2006）

引用贝洛克和季米特洛娃（Beilocka and Dimitrova，2003）等人的研究成果认为，互联网扩散与收入不是简单的线性关系。在互联网使用的低发展水平时期，收入的影响大于在互联网使用的高发展水平时期。

从基础设施建设情况来看，很多网民不上网或者中断上网，其中一个主要原因是受到拨号连接不畅等的影响（祝建华、何舟，2002）。

从个体的能力和素养来看，王锡苓、李惠民、段京肃（2006）的研究显示，由于受教育水平普遍较低，西北农村很多农民不具备使用网络的技能和素质，这严重影响到互联网在当地的扩散。这与中国互联网络信息中心历年报告的相关内容吻合，"不懂电脑/网络，不具备上网所需的技能"在非网民认为自己不能上网的原因中排首位。

尽管存在上述种种不利因素，但各界看到互联网对于农村地区发展的重要性，希望通过互联网的使用促进现代农业发展，同时，为了避免"第一道数字鸿沟"带来新的发展差异，各级政府和农业农村主管部门大力推动互联网在农村的使用。因此，组织因素在早期互联网在农村地区的推广中发挥了很大的作用（郝晓鸣、赵靳秋，2007）。

在这个阶段，也有部分研究者通过考察用户个体的心理因素来寻找促进或者妨碍互联网扩散的原因，这方面以祝建华、何舟（2002）对互联网在中国城市的采纳与使用的研究为代表。该研究显示，用户对互联网特征的认知（PCI）、对互联网需求的认知（PNI）和对互联网风行程度的认知（PPI），均对互联网的采纳与使用有显著影响。不过，张明新和韦路（2006）的研究发现，在预测移动电话的采纳和使用上，在农村居民的人口变量、行为变量和心理变量三个变量中，解释力最强的是人口变量，其次是行为变量，最后是心理变量。显然，这个结果与祝建华、何舟（2002）以城市居民为样本的研究是有差异的。张明新和韦路（2006）在解释这种差异时认为，与城市居民相比，农村居民收入较低，生活水平也较低，所以，在对互联网、手机等的采纳过程中，农村居民更多受到收入、人口因素以及行为因素的影响，而较少关注自己的主观感受。

尽管当时手机还没有成为互联网的重要载具，但是不久以后，手机就成为潜在用途最广、最普遍的互联网载具，因此张明新和韦路的研究对互联网的扩散是有重要参考价值的。

随着互联网技术日益进步，2008 年以后，互联网在农村扩散的环境发生了巨大变化，主要体现在以下几个方面。我国农村互联网基础设施逐步完善，到 2017 年，我国农村光纤宽带网络覆盖率达到 80% 以上。随着智能手机的售价不断降低，互联网使用终端由以前的电脑逐渐向智能手机端转变。随着微博、微信等社交媒体崛起，中国互联网进入即时传播时代。中国互联网发展开始呈现个性，在网民数量、注册域名数量、个人电脑数量等多个指标上超过美国。2012 年，中国网民数量是 5.38 亿，超过美国、日本、德国、英国和法国网民的总和。2014 年，第一语言为汉语的用户数量，超过第一语言为英语的用户数量（方兴东、潘可武、李志敏、张静，2014）。

这一阶段，互联网扩散正处在罗杰斯绘制的创新扩散 S 形曲线中迅速爬坡、快速增长的阶段（罗杰斯，2016：289）。在这个阶段，社交媒体成为人们日常沟通的主要工具，各种与社交媒体相关的应用呈现井喷式发展态势。这也意味着，包括农村地区在内，我国逐步进入马克·波斯特宣称的以"互动"为主要特征的第二媒介时代（马克·波斯特，2005）。

对这一阶段互联网、社交媒体以及移动互联网各种类型的应用在中国农村扩散的相关研究进行归纳，可以发现，扩散的方向和重点发生了极大的改变。影响因素已经由原来的地区差异、经济发展不平衡、文化教育差异等外在客观因素，转变为主观认知因素。叶明睿（2014）在一项质性研究中发现，既有认知、负担能力、子女考量、自身技能和可见需求等因素影响农村居民对互联网的采纳和使用。倪浩、刘志民（2019）在对 270 户农场家庭的研究中发现，影响农场主采用互联网技术的因素，包括农场主的社交网络规模、农场主之间的相互支持、农场主与农技员等社会服务人员联系的密切程度以及农场主对政府发布的农业政策的信任程度等。曾亿武、陈永富、郭红东（2019）对江苏省沭阳县 895 个花木农户的调查表明，农户的社会资本以及他们的创业经历和培训经历，对其采纳互联网技术有显著影响。

这些研究说明用户主观认知和心理因素在影响互联网扩散的因素中，所占的比重越来越大。因此，部分研究者开始关注"第二道数字鸿沟"。

"第二道数字鸿沟"是指社交媒体的使用不平衡会带来知识和能力积累的差异（Attewell，2001；胡鞍钢、周绍杰，2002；Cuberes，2008）。那么，在社交媒体重新建构我们生存的媒介环境之后，如何填补"第二道数字鸿沟"？如何让因为社交媒体使用差距而被甩在后面的人群能够跟上时代的步伐？

从总体来看，互联网及社交媒体在我国农村地区进入快速扩散直至基本饱和阶段之后，农业创新扩散领域的研究者们不再像第一阶段那样高度关注影响互联网在农村地区扩散的因素，他们有了新的目标：在移动互联网时代，社交媒体将在农业创新扩散中扮演什么样的角色？

五　社交媒体给农业创新扩散带来的想象空间

信息技术的发展使得媒介在创新扩散中的地位发生了重大变化。第一媒介时代的媒介主要是大众媒介，在创新扩散中只能起"助推"作用；而第二媒介时代的媒介主要是社交媒体等互联网应用，它们已经成为农业创新扩散的"主角"。

可以看到，在多方力量的作用下，社交媒体在农业领域呈加速扩散态势。这些力量包括：社会经济的发展，农村地区富裕程度的提高；互联网技术自身的快速发展和迭代；互联网巨头的崛起和在全国范围内的加紧布局；国家出台推动信息技术发展的相关政策的刺激。

罗杰斯曾指出，当创新的采用率达到 10% ～ 20% 的时候，扩散就会越过临界点，进入比较稳定、能够自我维持的持续扩散阶段（罗杰斯，2016：290）。显然，社交媒体在中国农村地区的扩散，已经越过了扩散的临界点。据第 42 次《中国互联网络发展状况统计报告》，截至 2018 年 6 月，我国农村网民规模为 2.11 亿，农村地区互联网普及率为 36.5%，在所有网民中，使用手机上网人群的占比达 98.3%。

这些数据说明，农业创新扩散的媒介环境已经由以大众媒介为主导转变为以移动互联网及社交媒体为主导。在新阶段，对媒介与农业创新扩散之间关系的研究重点，也转移到社交媒体如何提升农业创新扩散的效果上。

关于社交媒体，一个广为接受的定义是"一组以 Web 2.0 的理念和技术为基础的，可以创建并交换用户生成内容的互联网应用程序"（Kaplan and Haenlein，2010）。在很多领域，社交媒体的出现让领域内的专业人士热情高涨。在营销领域，社交媒体被一些人誉为"一种能够改变游戏规则并且对商业产生重大影响的技术"，另一些人则将社交媒体看作"技术进步与后现代消费行为幸运结合的产品"（史蒂芬·达尔，2018：1-4）。在教育培训领域，社交媒体被定义为"能够支持和促进个人与他人相伴学习，同时保留独立控制时间、空间、活动、身份和关系的联网工具"（Anderson，2005）。

　　社交媒体在众多领域的出色表现以及其在农村地区的大规模普及，给新时期农业创新扩散实践带来了巨大的想象空间。

　　前文分析过，农业科技作为农业创新扩散的主体，已成为推动农业农村经济发展的主要力量。"促进农产品有效供给和农民增收，根本出路在于发展农业科技。提高农业科技转化率，关键环节是推广。"（刘振伟、李飞、张桃林，2013：1）国家不断完善农业技术推广体制、机制，其最终目的就是加快农业创新扩散速度，进而加快先进技术在农业生产中的应用。

　　一方面，跟教育培训一样，农业技术推广过程可以看作知识社会化过程；另一方面，农业技术推广过程也是基层农技推广人员劝说农民接受和采纳先进农业技术的过程，换句话说，是一个社会营销的过程。

　　从已有的研究成果来看，社交媒体在教育培训和社会营销两个领域均呈现出令人刮目相看的实力。

　　在教育培训领域，社交媒体的应用日益深入，成为人们学习和掌握新知识的新工具。英国学者乔恩·德龙和加拿大学者特里·安德森（2018：16）归纳了社交媒体在正式和非正式学习中的作用：社交媒体可以促进学习共同体的建立，而学习共同体是在线课程教学中可凭借的最有效的工具；社交媒体通过创建相关的、适用的、易懂的信息理解场景，支持知识体系的建立；通过相伴学习，社交媒体能够促进学习参与，激发学习动力，提升学习兴趣；社交媒体能够产生在线发表评论和对学习内容进行讨论等互动行为，并且可以留下电子档案，极大地降低学习交流的成本；社交媒体打破正式和非正式学习的界限，让学习成为可持续的、随时随地可进行的活动；社交媒体可以构建并积累社会资本，从而实现仅靠个体无法实现的目标；社交媒体作为学习工具所具有的独特优势主要表现在便于访问，能够长久保留，方便查找，支持多种文本形式；社交媒体通过延伸"相邻可能"，对创新行为给予极大的支持。

在社会营销领域，研究者们也归纳出社交媒体的优势。美国疾病控制与预防中心（CDC）在 2009 年归纳了社交媒体作为公益事业社会营销工具的优势：社交媒体能够增强沟通的及时性；社交媒体能够利用目标受众建立自己的网络；社交媒体能够拓展视野；社交媒体能够实现个性化和对重要信息进行强化；社交媒体能够增加合作；社交媒体能够有效影响期望行为（Centers for Disease Control and Prevention，2011）。

上述这些研究成果让农业技术推广一线实践人员对社交媒体在农业技术推广过程中发挥的作用充满了期待。不过，从目前的研究进展情况来看，在社交媒体如何提升农业技术推广效率方面，科学的实证研究并不多，倒是一些农业技术推广的实践工作者以总结经验的方式，撰写了一些关于社交媒体如何在农业技术推广中发挥作用的文章。

对这些来自一线的经验性文章进行归纳，可以发现，社交媒体在农技推广方面的作用包括：社交媒体可以改变现有的农技推广模式，让推广活动变得更有效率，例如可以利用社交媒体开设在线课堂、互动课堂（许永丽，2015），还可以建立线上展示培训、线下指导示范的农业科技推广新模式（周振兴，2015），大幅提高推广的效率。

社交媒体为农业技术推广增添了很多非常有用的新工具，比如，农民可以通过发送图片、视频的方式，将遇到的问题提交给有关专家在线解答（王京春，2018）。社交媒体一方面让专家更接地气；另一方面让农民可以及时得到反馈，使其学习先进农业技术的兴趣得到提高。

社交媒体频繁互动，会产生大量的相关数据。经过清洗、筛选之后，这些数据可以保存下来，并在此基础上建立农技推广数据库，供有需要的农民反复琢磨、学习，有助于帮助农民深度掌握先进农业技术知识（侯广太，2019）。

社交媒体可以通过搭建农技推广交流平台，将农业专家、农技推广人员以及农民整合到一个平台上，这样可以减少农技推广的中间环节，降低农技推广的成本（杨林等，2011）。

社交媒体还可以促进科研专家、推广人员和农民之间的交流。我国现有的农技推广体制表现出一种自上而下的供给特征，对农户实际的技术需求考虑不足（赵玉姝、焦源，2017：3）。而社交媒体的使用，比如通过建立农技交流群等方式，让处于农技推广不同环节的参与者能够方便、快捷地交流。一方面，科研人员可以及时了解农民的需求，让研发项目针对性更强，更有推广价值；另一方面，农民能够直接接触到上游的科研人员，也能够及时掌握最新的农业技术信息，调整农业生产方向，形成融合发展、相互促进的态势（刘兴国，2019；王京春，2018）。

社交媒体可以成为农技人员说服农民采用先进农业技术时强有力的工具（周振兴，2015）。不仅如此，社交媒体还将改造现有的农业技术推广体制，比如，利用社交媒体，可以更好地对农技人员服务的情况进行考核。在河北，"河北云平台""河北农技"两个软件开通之后，农技员的推广服务、工作日志、汇报总结等信息，都通过网络填报审核，而且，手机上的定位功能使得对农技员的考核有据可依（赵广阔、石云，2017）。

一些农技推广人员敏锐地意识到，社交媒体可以使农技员和农民之间的联系更加密切。一方面，社交媒体有助于提升双方的信任感；另一方面，社交媒体有助于树立农技员的口碑。显然，这两方面的变化，都有助于农技员说服农民采用先进的农业技术。有研究人员还认为，社交媒体的使用，可以使农业技术推广覆盖更多地区和更多农户（周振兴，2015）。

通过分析可以发现，一线农技推广人员对社交媒体的期待，不再是简单地增加对农业技术推广的"助推"功能，他们还敏锐地看到，社交媒体使农业技术推广本身——从推广的方式，到推广人员的素质——以及整个农业技术推广体系、体制发生了深刻的变革。

这些来自一线的经验性总结文章虽然没有构建理论指导下的假设，也没有通过量化等统计工具对社交媒体与农业技术推广效果之间的关系进行严密的论证，但是，其为下一步深入研究社交媒体在农业技术推广中所发挥的作用提供了非常宝贵的思路和方向。

也应当看到，社交媒体在农业技术推广中的应用刚刚起步。对于社交媒体能够发挥的作用，学者们更多地从媒介工具的视角去思考。社交媒体能够做的显然不只这些，其更多的作用有待我们进一步探索。

追踪近20年来相关研究，我们可以看到媒介技术是如何改变媒介与创新扩散之间关系的：在第一媒介时代，大众媒介由于其一对多、单向传播的特性，对农业创新扩散只能发挥"助推"功能，其作用是缓慢而间接的；

而在第二媒介时代，媒介能够双向互动，而且多对多交流的互联网及依托互联网产生的各种新型媒介，已经被当作农业生产必备的工具，进而成为农业创新扩散的主角；在移动互联网时代，社交媒体不但通过增强功能大大提升农业技术的推广效率，而且对农业技术推广进行改造，使得农业技术推广的体制、机制包括人员的素质，都因为要适应社交媒体推广环境而做出改变。媒介与农业创新扩散之间呈现融合发展的态势，而这种融合将会带来技术进一步自我创造，从来带来更大的想象空间（布莱恩·阿瑟，2014：8）。

纵观媒介改变农业创新扩散的过程，正如凯文·凯利在《科技想要什么》里所说的那样：科技是思想延伸出来的形体，它的进化过程也在模仿基因生物体的进化过程，由简至繁，从笼统到具体，从单一性到多样化，从个人主义到共生主义，从浪费能源到高效生产，也从缓慢地变化转变为有更强的可进化性（凯文·凯利，2016：379－391）。

一句话，社交媒体为农业创新扩散带来无限的想象空间。

参考文献

布莱恩·阿瑟，2014，《技术的本质：技术是什么，它是如何进化的》，曹东溟、王健译，杭州：浙江人民出版社。

陈焰，2017，《大众媒体农业科普的特点及改进对策》，《农村经济与科技》，第23期。

戴夫·格雷、托马斯·范德尔·沃尔，2014，《互联网思维的企业》，张玳译，北京：人民邮电出版社。

段京肃、杜骏飞等，2007，《媒介素养导论》，福州：福建人民出版社。

樊佩佩，2010，《从传播技术到生产工具的演变——一项有关中低收入群体手机使用的社会学研究》，《新闻与传播研究》第1期。

方兴东、潘可武、李志敏、张静，2014，《中国互联网20年：三次浪潮和三大创新》，《新闻记者》第4期。

高启杰主编，2013，《农业推广学（第三版）》，北京：中国农业大学出版社。

郝晓鸣、赵靳秋，2007，《从农村互联网的推广看创新扩散理论的适用性》，《现代传播（中国传媒大学学报）》第6期。

侯广太，2019，《浅析"互联网＋"在农业技术推广中的作用与发展前景》，《山西农经》第 10 期。

胡鞍钢、周绍杰，2002，《中国如何应对日益扩大的"数字鸿沟"》，《中国工业经济》第 3 期。

黄家章，2012，《我国新型农业科技传播体系研究》，北京：中国农业科学技术出版社。

焦硕、徐飞、周鸿松，2004，《中国新技术普及过程的特异性分析——关于罗杰斯创新扩散理论的一个补充》，《中国科技论坛》第 2 期。

金兼斌、吴科特，2006，《我国互联网扩散之地区差异的影响因素探究》，《南京邮电大学学报（社会科学版）》第 4 期。

凯文·凯利，2016，《科技想要什么》，严丽娟译，北京：电子工业出版社。

匡文波，2014，《中国微信发展的量化研究》，《国际新闻界》第 5 期。

李秀珠，2004，《台湾有线电视采用者及采用过程之研究：检视有线电视早期传布及晚期传布之差异》，《新闻学研究》第 78 期。

刘兴国，2019，《"互联网 +"在农业技术推广中的作用与发展前景》，《农业工程技术》第 8 期。

刘振伟、李飞、张桃林主编，2013，《农业技术推广法导读》，北京：中国农业出版社。

罗必良，2009，《现代农业发展理论——逻辑线索与创新路径》，北京：中国农业出版社。

罗宾·蔡司，2015，《共享经济：重构未来商业新模式》，王芮译，杭州：浙江人民出版社。

罗杰斯，2016，《创新的扩散（第五版）》，唐兴通、郑常青、张延臣译，北京：电子工业出版社。

马丁·李斯特、乔恩·多维、赛斯·吉丁斯、伊恩·格兰特、基兰·凯利，2016，《新媒体批判导论（第二版）》，吴炜华、付晓光译，上海：复旦大学出版社。

马化腾等，2015，《互联网 +：国家战略行动路线图》，北京：中信出版社。

马克·波斯特，2005，《第二媒介时代》，范静哗译，南京：南京大学出版社。

倪浩、刘志民，2019，《家庭农场互联网农业技术采纳行为及影响因素研究——以江苏省 9 市 270 户家庭农场为例》，《南京社会科学》第 2 期。

乔恩·德龙、特里·安德森，2018，《集群教学——学习与社交媒体》，刘黛琳、孙建华、武艳、来继文译，北京：国家开放大学出版社。

任建红，2004，《试论媒介对科技传播的影响》，《北京理工大学学报（社会科学版）》第 3 期。

史蒂芬·达尔，2018，《社交媒体营销：理论与实践》，陈韵博译，北京：清华大学出版社。

陶武先，2004，《现代农业的基本特征与着力点》，《中国农村经济》第 3 期。

王京春，2018，《浅谈"互联网＋"在农业技术推广中的作用与发展前景》，《南方农机》第 3 期。

王文生，2012，《中央 1 号文件的农业农村信息化政策研读》，《中国农村科技》第 7 期。

王锡苓、李惠民、段京肃，2006，《互联网在西北农村的应用研究：以"黄羊川模式"为个案》，《新闻大学》第 1 期。

Werner J. Severin、James W. Tankard, Jr.，2006，《传播理论：起源、方法与应用（第 5 版）》，郭镇之等译，北京：中国传媒大学出版社。

熊晶晶、曲波、何林、陈章，2017，《新媒体技术在农业科技推广中的应用研究》，《四川农业科技》第 12 期。

徐振宇，2011，《小农—企业家主导的农业组织模式》，北京：社会科学文献出版社。

许永丽，2015，《浅谈"互联网＋"在农业技术推广中的作用与发展前景》，《青海农技》第 3 期。

许竹青，2015，《信息沟通技术与农民的信息化问题研究：从"数字鸿沟"到"信息红利"》，北京：科学技术文献出版社。

杨伯溆，2000，《电子媒体的扩散与应用》，武汉：华中理工大学出版社。

杨林、于继庆、刁希强、李霞、郑鑫、李付军、李萌、刘宁、朝凤舟，2011，《浅析互联网在农业科技推广中的作用》，《农业科技通讯》第 9 期。

叶明睿，2014，《扩散进程中的再认识：符号互动视阈下农村居民对互联网认知的实证研究》，《新闻与传播研究》第 4 期。

约翰·费斯克等编撰，2004，《关键概念：传播与文化研究辞典（第二版）》，李彬译注，北京：新华出版社。

曾亿武、陈永富、郭红东，2019，《先前经验、社会资本与农户电商采纳行为》，《农业技术经济》第 3 期。

张蓝水，2016，《"生态农业"与"石油农业"应辩证统一》，《农业技术与装备》第 3 期。

张利，2018，《欧美国家农业科技创新模式及启示》，《现代农业科技》第 6 期。

张明新，2006，《我国农村居民的互联网采纳的探索性研究》，《科普研究》第 2 期。

张明新、韦路，2006，《移动电话在我国农村地区的扩散与使用》，《新闻与传播研究》第 1 期。

张小强、杜佳汇，2017，《中国大陆"新媒体研究"创新的扩散：曲线趋势、关键节点与知识网络》，《国际新闻界》第 7 期。

赵广阔、石云，2017，《"互联网＋"现代农业在农技推广中的作用》，《基层农技推广》

第 4 期。

赵玉姝、焦源，2017，《农业技术推广体系优化研究——基于农户分化视角》，北京：中国农业出版社。

郑素侠，2007，《互联网在中国大陆扩散的区域性差异》，《国际新闻界》第 2 期。

郑威、黄晦蕾，2002，《当前农村科技传播的制约因素及对策分析》，《安徽农业科学》第 6 期。

中共中央、国务院，2012，《中共中央　国务院关于加快推进农业科技创新持续增强农产品供给保障能力的若干意见》，登录时间：2019 年 8 月 9 日，http://www.gov.cn/gongbao/content/2012/content_2068256.htm。

周金花，2011，《试论信息技术对农业传播的影响与变革》，《农业网络信息》第 9 期。

周裕琼，2003，《手机短信的采纳与使用——深港两地大学生之比较研究》，《中国传媒报告》第 2 期。

周振兴，2015，《"互联网 + 农业"的发展模式与实现途径》，《江苏农村经济》第 10 期。

祝建华，2004，《不同渠道、不同选择的竞争机制：新媒体权衡需求理论》，《中国传媒报告》第 5 期。

祝建华、何舟，2002，《互联网在中国的扩散现状与前景：2000 年京、穗、港比较研究》，《新闻大学》第 2 期。

Ajzen, I. 1991. "The Theory of Planned Behavior, Organizational Behavior and Human Decision Processes." *Journal of Leisure Research* 50：179 – 211.

Anderson, T. T. 2005. "Distance Learning：Social Software's Killer App?" http://citeseerx. ist. psu. edu/viewdoc/download? doi = 10. 1. 1. 95. 630&rep = rep1 & type = pdf.

Attewell, P. 2001. "The First and Second Digital Divides." *Sociology of Education* 74（3）：252 – 259.

Beilocka, R. and Dimitrova, D. V. 2003. "An Exploratory Model of Intercountry Internet Diffusion." *Telecommunications Policy* 27（3 – 4）：237 – 252.

Centers for Disease Control and Prevention（CDC）. 2011. "The Health Communicator's Social Media Toolkit." http://www. cdc. gov/health communciation/toolstemplates/socialmedia toolkit_BM. pdf.

Cooley, C. H. 1967. *Social Organization：A Study of the Larger Mind.* New York：Charles Scribner's Sons.

Cuberes, D. 2008. "The Diffusion of the Internet：A Cross-country Analysis. Telecommunications Policy." https://mpra. ub. uni-muenchen. de/8433/1/MPRA_paper_8433. pdf.

Davis, F. D. 1989. "Perceived Usefulness, Perceived Ease of Use, and User Acceptance of Information Technology. ” *Mis Quarterly* 13 （3）：319 – 340.

Fishbein, M. , and Ajzen, I. 1975. *Belief, Attitude, Intention and Behavior：An Introduction to Theory and Research*. Reading, MA：Addison-Wesley.

International Telecommunication Union. 2006. “ World Telecommunication/ICT Development Report 2006：Measuring ICT for Social and Economic Development. ” https：//www. itu. int/dms_ pub/itu-d/opb/ind/D-IND-WTDR-2006-SUM-PDF-E. pdf.

Kaplan, A. M. , and Haenlein, M. 2010. “Users of the World, Unite！The Challenges and Opportunities of Social Media. ” *Business Horizons* 53 （1）：59 – 68.

Taylor, S. and Todd, P. A. 1995. “Understanding Information Technology Usage：A Test of Competing Models. ” *Information Systems Research* 6 （2）：144 – 176.

Venkatesh, V. , Morris, M. G. , Davis, G. B. 2003. “User Acceptance of Information Technology：Toward a Unified View. ” *Mis Quarterly* 27 （3）：425 – 478.

资本禀赋差异与农技员社交媒体使用

本研究基于 2013 年湖北省农业技术推广绩效数据，通过对该省 12 个县市 1300 名农技员的调查，分析了资本禀赋差异对农技员应用社交媒体推广农技这一行为的影响。研究发现：在农技员进行农技推广实践中，社交媒体应用尚处于起步阶段，前景可期但发展缓慢。回归分析显示，在控制地域因素和年龄因素的前提下，文化资本和社会资本都对农技员在农技推广中运用社交媒体产生正面影响，社会资本的影响更大，而经济资本的影响则不显著。值得一提的是，社会资本中，社交网络规模的影响较大。整体来说，资本禀赋模型虽然呈统计学显著性，但对农技员使用社交媒体推广农技的影响有限。

一 意义：社交媒体给农技推广带来新希望

农业技术在农业发展中的贡献率已超过 50%，但农业推广的效率仍非常低下，难以满足农业发展的需要。如何促进农业技术推广是当今农业发展面临的重要问题。传播渠道是影响创新扩散的四个要素之一，另外三个分别是创新、时间和社会体系（罗杰斯，2016：13）。手机以及移动互联网的普及为农业推广提供了新的渠道，已有的大量研究显示，手机及移动互联网在创新扩散中起积极作用。2015 年 11 月，农业部印发通知，计划用 3 年左右时间，在全国范围内培训农业人员使用移动互联网来发展生产、便利生活和增收致富（农业部、发展改革委、中央网信办等，2016）。因移动互联网的普及而快速发展的社交媒体具有即时性、交互性、便利性等特点，为提高农业技术推广效率带来了希望。农技员的移动互联网和社交媒体使用能力将成为影响农业技术推广效率的重要因素。

为农民提供各类农业生产技术指导与服务的农业技术推广员（简称农技员）是中国农业技术推广中重要的变革推动者（change agent），他们有亲和力，与农民直接接触，并拥有专业的技术知识，其传播能力直接影响到农业技术推广的进程和效果。

移动互联网和社交媒体可以成为农业技术推广的有效传播渠道，农技员是农业技术的重要推动者。本研究以中部农业科教大省湖北为例，借助大规模的问卷调查和针对性的深度访谈，在考察该省农技员社交媒体使用现状的基础上，引入"资本"概念，借鉴布迪厄的资本理论，运用回归分析法探讨资本占有差异对采纳行为的影响，以期对如何通过增强农技员的资本禀赋提升其社交媒体使用能力，进而更好地发挥移动互联网和社交媒体在农业技术推广中的作用提出建议。

二 理论：创新扩散理论与社交媒体使用的若干假设

农业技术推广是典型的创新扩散行为。长期以来，创新扩散研究有两种视角——采纳者视角和传播者视角。前者重点关注采纳者自身特性及其所处的环境对创新采纳行为的影响，但忽略了传播者的作用，即使强调互动，也更多强调采纳者（如农民）之间的互动；后者则将传播者纳入关注范围，考察创新扩散中传播者的行为及其对采纳者的影响，变革推动者是这一视角中的重要研究对象（Valente，1996；Moser and Barrett，2006）。罗杰斯将变革推动者定义为"影响客户在面对创新时做出变革机构所期望的决定的个体"（罗杰斯，2016），他们与大众传播媒介一样扮演着外部信息来源的角色，并通过与当地主体的直接接触、为当地主体提供信息以及资源，影响当地主体的态度和行为，促进特定创新的采纳。但变革推动者与当地主体之间的传播行为常因其单向性、不平等性以及说服本质而遭受冷遇。社交媒体的互动性有可能改变变革推动者与当地主体之间单向的、不平等传播方式，从而更有效地促进创新的采纳。那么，作为农业技术重要推动者的农技员是否能够很好地利用社交媒体这一传播技术呢？由此，本文提出研究问题 1：

RQ1：农技员使用社交媒体的现状如何？

农技员在农业推广工作中使用社交媒体是一种个体实践行为，依据布迪厄等的理论，这种实践行为将会受到场域、惯习和资本的影响（布迪厄、华康德，2004）。本研究关注在特定的场域和历史积淀的惯习之下，农技员所拥有的资本禀赋对其社交媒体使用行为的影响。"资本"在英语中的本意是指对动物的买卖和占有，自18世纪以来，人们对资本形式的认识随着资本理论的演进而不断深化，从亚当·斯密到舒尔茨、贝克尔，再到布迪厄，资本逐渐从实体性概念过渡到非物质性概念，从资金和生产资料发展到所有可以通过投资获得回报的资源。本研究采纳布迪厄（Bourdieu，1986）对资本的划分方法（分为经济资本、文化资本和社会资本），考察其对农技员在农技推广中运用社交媒体的影响。

经济资本是可以直接兑换成货币并制度化为产权形式的资本，个体行为不可避免地会受到经济条件的限制。已有研究显示，经济资本在特定的历史条件下促使人们形成理性的惯习，对社会治理参与、就业选择、人口流动等个体实践行为均有显著影响（张翠娥、李跃梅，2015；张仕平，2006）。农技员使用社交媒体推广农业技术是一种媒介的选择与使用惯习，由此，本文提出研究假设1：

H1：农技员的经济资本越丰富，其在农技推广中的社交媒体使用度越高。

文化资本是文化资源积累的结果，是"一种标志行动者的社会身份的，被视为正统的文化趣味、消费方式、文化能力和教育资历等价值形式"（Webb，Schirato，and Danaher，2002）。布迪厄认为文化资本可以分为身体化、客观化、制度化三种形态，身体化的形态即文化、教育、修养；客观化的形态是"在物质和信息中被客观化的文化资本，如文学、绘画、纪念碑"（包亚明，1997：198）；制度化的形态是一种通过社会制度认可而形成的资本，如学历文凭、职称及各种证书，家庭和学校是文化资本原始积累的主要场所。文化资本概念被提出后，以布迪厄为代表的研究者尝试用文化资本理论研究社会问题，检验了文化资本的经济功能以及文化资本对个体行为（如儿童教育、政治参与）和社会结构（如阶级区隔）的影响（Bourdieu，1984；仇立平、肖日葵，2011）。因此，本文提出研究假设2：

　　　　H2：农技员的文化资本越丰富，其在农技推广中的社交媒体使用度越高。

　　关于社会资本的定义、内涵和功能的讨论很多（Bourdieu，1986；Coleman and James，1988；帕特南，2014；林南，2005），大体可以分为两个层面：群体层面的社会资本和个体层面的社会资本（Borgatti，Jones，and Everett，1998）。前者聚焦群体内的信任、规范问题；后者认为社会资本是个体社会互动的结果，更多关注个体的社交网络结构对行为的影响（Fafchamps and Minten，2002；Mouw，2006）。1981年，罗杰斯和金凯德指出，"创新扩散的本质是人类的互动，是一个个体将一个新观念传播给另一个个体或更多个体的互动……这种逐渐形成的个体间传播模式和网络，会影响到创新扩散中的行为"（Rogers and Kincaid，1981）。自此，不同领域的研究者开始分析社交网络在信息、创新的传播和扩散中的功能（Rice and Aydin，1991；Kohler，Behrman，and Watkins，2007），创新的扩散过程被认为是个体的态度和行为在社会微观结构中逐渐趋于统一的传播过程（Wejnert，2002）。网络规模、网络密度、网络同质性是预测采纳行为的常见变量（Monge，Hartwich and Halgin，2008）。已有研究显示，由于相互比较和从众效应等原因，网络密度越大，网络同质性越强，网络间成员的行为越容易趋同（Brass，Galaskiewicz，Greve，and Tsai，2004；McPherson，Smith-Lovin，and Cook，2001）。农技员的社交媒体使用问题本质上是农技员运用社交媒体在农技推广中的扩散问题，是农技员对社交媒体的采纳行为，有可能会受到社交网络的影响，由此，本文提出研究假设3及假设3a、3b、3c：

　　　　H3：农技员的社会资本越丰富，其在农技推广中的社交媒体使用度越高。

　　　　H3a：农技员的社交网络规模越大，其在农技推广中的社交媒体使用度越高。

H3b：农技员的社交网络同质性越高，其在农技推广中的社交媒体使用度越高。

H3c：农技员的社交网络密度越大，其在农技推广中的社交媒体使用度越高。

三　样本：对 12 个样本县（市、区）农技员群体的实证研究

（一）抽样及样本构成

本研究以中部农业科教大省湖北为例，采用多层级整群抽样法，以2013 年湖北省农业技术推广绩效为依据，将该省 105 个县（市、区）（以下简称县）按农技推广绩效高、中、低划分为三个方阵，然后从每个方阵中随机抽取 4 个县共 12 个县，对 12 个县 200 多个乡镇的农技员发放问卷 1300 份，回收有效问卷 951 份，有效回收率 73%。样本分布情况如表 1 所示。

表 1　样本分布情况

	分类	人数	百分比
县域	高绩效县（宜都、保康、武穴、大冶）	389	41%
	中绩效县（东西湖、红安、沙洋、黄陂）	288	30%
	低绩效县（赤壁、通城、仙桃、龙感湖）	274	29%
性别	男	707	74%
	女	244	26%
年龄	20～30 岁	86	9%
	31～40 岁	200	21%
	41～50 岁	466	49%
	51～60 岁	190	20%
	60 岁以上	9	1%

（二）变量设置及模型选择

1. 因变量

本研究的因变量是农技推广中的社交媒体使用度，主要考察农技员在农技推广中使用社交媒体的程度。因变量包括 4 个题项：社交媒体上的同行

人数和农民人数（首先让受访者开放式填写具体人数，然后根据人数多少分为 5 个类别，重新编码为新变量"社交媒体上同行人数等级"和"社交媒体上农民人数等级"），以及使用社交媒体与同行和农民交流的频率（由 2 个 5 级量表的题项构成，1 = 完全不用，5 = 天天用，数字越大，频率越高，下同）。这 4 个题项以主成分法进行因子分析可以抽取 1 个特征值大于 1 的共同因子，累计解释变异量为 59.11%，本研究将其命名为"社交媒体使用度"，4 个题项的内部一致信度 α 值为 0.76。对 4 个题项的 5 个类别从低水平到高水平依次赋值为 0、25、50、75、100，然后对题项进行加总后平均，由此获得农技员在农技推广中社交媒体使用度的分数，最低分为 0 分，最高分为 100 分。

2. 关键自变量

本研究主要考察农技员的资本禀赋对农技推广中社交媒体使用的影响，经济资本、文化资本、社会资本是本研究的关键自变量。

（1）经济资本。布迪厄认为经济资本以金钱为符号，以产权为制度化形式，本研究通过农技员的个人月收入情况来衡量其经济资本。

（2）文化资本。文化资本以作品、文凭、学衔为符号，以学位为制度化形式，本研究通过农技员的文化程度来测量其文化资本。

（3）社会资本。社会资本主要考察农技员的社交网络规模、社交网络密度以及社交网络同质性。借鉴罗雅斯等（Rojas, et al., 2008）关于网络规模、网络密度和网络同质性的量表，本研究的社交网络规模通过经常联系的同事、邻居、朋友的数量 3 个题项进行考察，这 3 个题项以主成分法进行因子分析可以抽取 1 个共同因子，累计解释变异量为 67.717%，本研究将其命名为"社交网络规模"，3 个题项的内部一致信度 α 值为 0.714。社交网络密度通过"你经常交流的朋友，他们之间都相互认识/也是朋友/也相互交流"3 个 5 级量表的题项构成（1 = 非常不同意，5 = 非常同意），这 3 个题项以主成分法进行探索性因子分析可以抽取 1 个共同因子，累计解释变异量为 77.27%，本研究将其命名为"社交网络密度"，3 个题项的内部一致信度 α 值为 0.852。社交网络同质性通过"你经常交流的朋友和你年龄差不多/文化程度差不多/参加的社会活动差不多/经济水平差不多/价值观差不多"5 个 5 级量表的题项构成（1 = 差得很远，5 = 基本相同），这 5 个题项以主成分法进行探索性因子分析可以抽取 1 个共同因子，累计解释变异量为 52.76%，本研究将其命名为"社交网络同质性"，5 个题项的内部一致信度 α 值为 0.775。

3. 控制变量

已有的研究显示，由于经济发展水平、区域政治文化以及媒介竞争状况等因素的影响，不同地区受众的媒介使用行为存在显著差异（张志安、沈菲，2012）。还有学者的研究表明，媒介使用在不同年龄段的网民群体中有着显著差异（Kayany and Yelsma，2000）。因此，本文在实证分析模型中引入地域和年龄作为控制变量。

4. 模型选择

本文的因变量 y 是农技员在农技推广中的社交媒体使用度，为分析不同类型农技员的资本情况对这一因变量的影响，构建多元线性回归模型如下：

$$y = \beta_1 x_1 + \beta_2 x_2 + \cdots + \beta_n x_n$$

上式中 x_n 表示第 n 个可能影响农技员在农技推广中社交媒体使用行为的自变量；β_n 是第 n 个自变量对应的回归系数，反映各自变量对因变量的影响方向和影响程度。

四　发现：农技员的社会资本显著影响其社交媒体使用

（一）农技员社交媒体使用现状

1. 基本情况

（1）社交媒体使用的基本情况。农技员平均每天使用社交媒体 1.67 小时（SD = 2.23）。QQ 是农技员使用程度最高的社交媒体，90.1% 的被访者使用过 QQ，平均使用年限长达 5.17 年（SD = 4.17）；微信次之，76.3% 的被访者使用过微信，平均使用年限为 1.49 年（SD = 1.81）。采用过社交媒体推广农业技术的农技员占全体农技员的 76.4%。

（2）社交媒体上农民人数（M = 17，SD = 37.73）及同行人数（M = 39，SD = 53.19）的分布情况分别如图 1 和图 2 所示。分析显示，社交媒体上农民人数和同行人数存在显著的正相关关系，$r(949) = 0.300$，$p = 0.000 < 0.05$，且社交媒体上同行人数显著多于农民人数，$t(950) = 12.165$，$p = 0.000 < 0.05$。

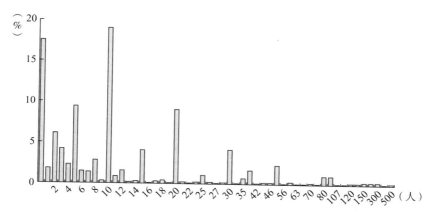

图 1　社交媒体上农民人数及其占比

注：仅列出占比较高的数据，下同。

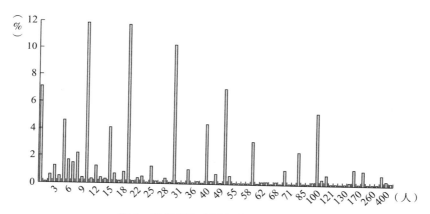

图 2　社交媒体上同行人数及其占比

（3）农技员使用社交媒体与同行和与农民交流的频率如表 2 所示。分析显示，两个频率之间存在显著的正相关关系，$r(949) = 0.586$，$p = 0.000 < 0.05$，且使用社交媒体与同行交流的频率显著高于与农民交流的频率，$t(950) = 11.942$，$p = 0.000 < 0.05$。

表 2　使用社交媒体交流的频率

	使用社交媒体与同行交流的频率（百分比）	使用社交媒体与农民交流的频率（百分比）
完全不用	8.3%	16.1%

	使用社交媒体与同行交流的频率 （百分比）	使用社交媒体与农民交流的频率 （百分比）
偶尔用	15.2%	16.4%
有时用	37.3%	44.6%
经常用	35.4%	22.1%
天天用	3.3%	0.8%

（4）农技推广中社交媒体使用度得分情况（M = 44.59，SD = 20.80）如图3所示。将得分为0的受访者界定为不采纳者；对于采纳者，如果将得分小于60分界定为消极使用者，大于等于60分但小于80分界定为一般使用者，大于等于80分界定为积极使用者，则5.8%的农技员属于不采纳者，70.8%的农技员属于消极使用者，18.5%的农技员属于一般使用者，4.9%的农技员属于积极使用者。整体而言，农技员在农技推广中使用社交媒体的程度偏低。

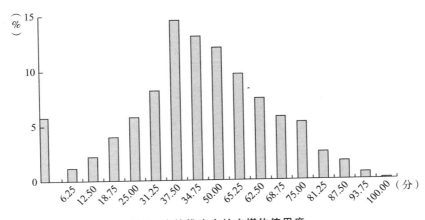

图3　农技推广中社交媒体使用度

2. 年龄和地域差异

农技员在农技推广中的社交媒体使用情况不仅呈现出以消极使用为主的特征，而且存在显著的年龄和地域差异。

分析显示，年龄与农技推广中的社交媒体使用度呈显著的负相关关系，$r(949) = -0.091$，$p = 0.005 < 0.05$，年龄越大的农技员在农技推广中使

用社交媒体的程度越低。

而不同绩效县域里农技员在农技推广中的社交媒体使用度得分从高到低依次是高绩效县（M = 47.48，SD = 19.63）、中绩效县（M = 43.85，SD = 20.79）、低绩效县（M = 40.50，SD = 21.85），方差分析显示，不同绩效的县域中社交媒体使用度存在显著差异（$F = 9.724$，$p = 0.000 < 0.05$），进一步的多重比较如表3所示，高绩效县的得分显著高于中、低绩效县。

表3　社交媒体使用度的县域多重比较

因变量：社交媒体使用度

	（I）县域绩效分级	（J）县域绩效分级	均值差（I－J）	标准误	显著性	95% 置信区间	
						下限	上限
Tukey HSD	低绩效县	中绩效县	－ 3.35092	1.75212	.136	－ 7.4638	.7620
		高绩效县	－ 7.28481 *	1.67862	.000	－ 11.2252	－ 3.3444
	中绩效县	低绩效县	3.35092	1.75212	.136	－ .7620	7.4638
		高绩效县	－ 3.93388 *	1.56057	.032	－ 7.5972	－ .2706
	高绩效县	低绩效县	7.28481 *	1.67862	.000	3.3444	11.2252
		中绩效县	3.93388 *	1.56057	.032	.2706	7.5972

注：＊表示均值差的显著性水平为 0.05。

（二）模型拟合结果与比较

本文采用多元线性回归模型，共构建了 5 个回归方程。其中方程 1 至方程 3 反映在不考虑其他因素影响下经济资本、文化资本、社会资本 3 组自变量各自对因变量的独立效应；方程 4 是包含经济资本、文化资本和社会资本变量的模型；方程 5 在方程 4 的基础上引入年龄和地域两个控制变量。各模型的检验结果如表 4 所示，除方程 1 外，其余 4 个方程 F 统计量所对应的 p 值都是 0.000，小于设定的显著性水平 0.05，说明除经济资本外，其余自变量与因变量之间皆可以建立线性模型。方程 2、方程 3、方程 4、方程 5 的 R^2 依次为 0.024、0.076、0.103、0.129，说明社会资本的解释力优于文化资本，3 种资本的组合解释力更强，而引入控制变量地域和年龄后构建的方程 5 相对更优。

表 4   农业推广中社交媒体使用度的回归分析

变量名称	方程 1	方程 2	方程 3	方程 4	方程 5
经济资本（参照：较低收入）					
较高收入	-0.038			-0.043	-0.020
中等收入	-0.022			-0.020	-0.044
文化资本（参照：高中及以下）					
本科及以上		0.189 ***		0.159 ***	0.110 **
大专		0.150 ***		0.193 ***	0.174 ***
社会资本					
社交网络规模			0.276 ***	0.277 ***	0.289 ***
社交网络同质性			0.07	-0.002	0.000
社交网络密度			0.013	0.008	0.016
地域（参照：低绩效县域）					
高绩效县					0.166 ***
中绩效县					0.041
年龄					-0.079 **
R^2	0.001	0.024 ***	0.076 ***	0.103 ***	0.129 ***
F	0.614	11.657 ***	26.129 ***	15.413 ***	13.972 ***

注：表内数字为标准化回归系数（β）；** $p < 0.01$，*** $p < 0.001$。

（三）回归分析结果

因方程 5 的解释力更强，所以下文对方程 5 的回归结果展开分析。

1. 经济资本的现状及影响

被访农技员中 64.5% 的个人月收入在 2001 ~ 4000 元，28% 的月收入在 2000 元及以下，月收入在 4001 元及以上的仅占 7.5% 。回归分析结果显示，农技员的个人月收入与其在农技推广中社交媒体使用度不具备显著关系，H1 没有得到验证。

2. 文化资本的现状及影响

被访农技员中超过一半（54.6%）的学历是大专，本科及以上的占 23.1%，高中及以下的占 22.3%。回归分析结果显示，农技员的文化资本对其社交媒体使用度具有显著的正向影响，相比于高中及以下学历的农技员，大专、本科及以上学历的农技员在农技推广工作中使用社交媒体的程度更高，H2 得到验证。

3. 社会资本的现状及影响

回归分析结果显示，农技员社会资本对其社交媒体使用度具有显著的正向影响，社交网络规模越大的农技员在农技推广中使用社交媒体的程度越高，H3 和 H3a 得到验证。社会资本各要素的基本情况如下。

（1）社交网络规模的现状。农技员经常联系的同事数量（M = 21，SD = 27.14）、邻居数量（M = 9，SD = 13.74）、朋友数量（M = 22，SD = 33.04）的分布情况如图 4 至图 6 所示。分析显示，农技员经常联系的邻居数量显著少于朋友数量（$t = -14.358$，$p = 0.000 < 0.05$）和同事数量（$t = -15.514$，$p = 0.000 < 0.05$）。

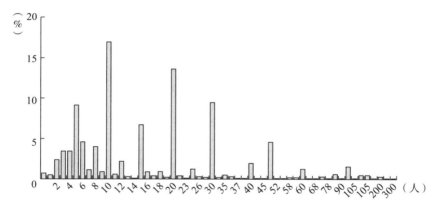

图 4　经常联系的同事数量及其占比

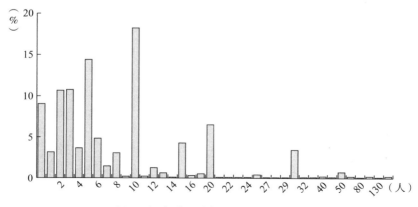

图 5　经常联系的邻居数量及其占比

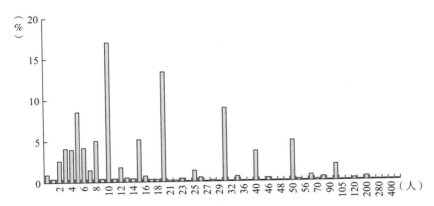

图6　经常联系的朋友数量及其占比

（2）农技员社交网络密度的分布情况如图7所示。如果以3.00为分界点进行划分，将得分为3.00分描述为中密度，得分低于3.00分描述为低密度，高于3.00分描述为高密度，则农技员个人社交网络整体偏紧密，22.5%的个人社交网络属于低密度，30.9%属于中密度，46.6%属于高密度。

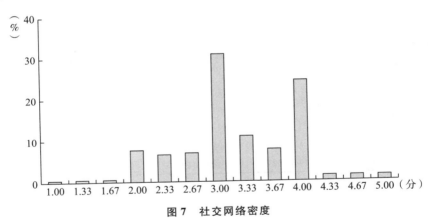

图7　社交网络密度

（3）农技员社交网络同质性整体偏高（M = 3.63，SD = 0.67），分布情况如图8所示。其中，社交网络中农技员在年龄层面的同质性显著高于其他四个层面，在经济层面的同质性显著低于其他四个层面（见表5）。

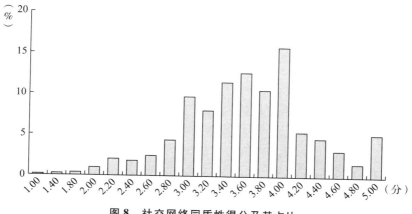

图 8　社交网络同质性得分及其占比

表 5　各层面同质性的成对样本检验

	成对差分					t	df	Sig.（双侧）
	均值	标准差	均值的标准误	差分的 95% 置信区间				
				下限	上限			
年龄－文化	.24816	.86050	.02790	.19340	.30292	8.893	950	.000
年龄－社会活动	.29443	1.05908	.03434	.22703	.36182	8.573	950	.000
年龄－经济	.52576	1.08245	.03510	.45688	.59465	14.979	950	.000
年龄－价值观	.29863	1.05091	.03408	.23176	.36551	8.763	950	.000
文化－社会活动	.04627	.98620	.03198	-.01649	.10903	1.447	950	.148
文化－经济	.27760	1.03655	.03361	.21164	.34357	8.259	950	.000
文化－价值观	.05047	.96659	.03134	-.01104	.11198	1.610	950	.108
社会活动－经济	.23134	1.01520	.03292	.16673	.29594	7.027	950	.000
社会活动－价值观	.00421	1.01150	.03280	-.06016	.06858	.128	950	.898
经济－价值观	-.22713	1.02029	.03309	-.29206	-.16220	-6.865	950	.000

五　对策：利用社交媒体打破农技员与农民之间的壁垒

从整体来看，农技员中 40 岁及以下青壮年只占 30%，队伍呈老龄化趋势，亟须更新换代；采用社交媒体推广农技已经成为较普遍的行为，占到全体样本的 76.4%。从使用的程度来看，大多属于消极使用者，积极使用者所占比重很小，不到 5%。

从农技员利用社交媒体进行交流的对象数量来看，与同行交流的数量要多于与农民交流的数量。从交流的频率来看，前者也要远远高于后者。这说明，农技员与农民之间存在群体或者是阶层区隔，农技员潜意识里还没有将农民当作平等交流的对象。

年龄和地域因素对农技员使用社交媒体推广农技的影响比较显著。前者与农技员社交媒体使用度呈负相关；在地域因素中，高绩效县社交媒体使用度与低绩效县差异明显，而中绩效县社交媒体使用度与高绩效县和低绩效县差异不大。

在控制年龄和地域等因素之后，农民的资本禀赋中，经济资本似乎对农技员利用社交媒体推广农技的影响不大，而文化资本和社会资本有显著影响。在社会资本中，农技员社交网络规模对社交媒体使用的影响最大，而社交网络密度、社交网络同质性对其影响不大。这与实际情况相符，农技员是一个比较封闭、同质化比较高的群体，差异体现不出来。

从上述分析可得到如下重要启示。第一，要在农民中进一步推广社交媒体，亟须打破横亘在农技员、农民之间的壁垒；同时，社交媒体的使用，反过来也有助于打破这个壁垒。第二，社交媒体在农技推广中的运用还处于初级阶段，发展空间很大，但需要加强对农技员的培训，改变他们的观念，提高他们使用社交媒体的能力，让他们掌握更多的技巧。

当然，本文作为社交媒体在农技推广中的应用前景研究的部分成果，重点在于探讨农技员资本禀赋与社交媒体使用之间的关系。回归分析显示，资本禀赋对农技员使用社交媒体推广农技的影响有限。下一阶段，我们将尝试用其他模型来做进一步研究。

［本文由吴志远与陈欧阳合作撰写，发表于《现代传播（中国传媒大学学报）》2017 年第 3 期］

参考文献

包亚明，1997，《文化资本与社会炼金术——布尔迪厄访谈录》，上海：上海人民出版社。

林南，2005，《社会资本：关于社会结构与行动的理论》，张磊译，上海：上海人民出版社。

罗伯特·D. 帕特南主编，2014，《流动中的民主政体：当代社会中社会资本的演变》，李筠、王路遥、张会芸译，北京：社会科学文献出版社。

罗杰斯，2016，《创新的扩散（第五版）》，唐兴通、郑常青、张延臣译，北京：电子工业出版社。

皮埃尔·布迪厄、华康德，2004，《实践与反思：反思社会学导引》，李猛、李康译，北京：中央编译出版社。

仇立平、肖日葵，2011，《文化资本与社会地位获得——基于上海市的实证研究》，《中国社会科学》第 6 期。

张翠娥、李跃梅，2015，《主体认知、情境约束与农民参与社会治理的意愿——基于山东等 5 省调查数据的分析》，《中国农村观察》第 2 期。

张仕平，2006，《乡村场域变迁中的农民外出就业》，博士学位论文，吉林大学。

张志安、沈菲，2012，《中国受众媒介使用的地区差异比较》，《新闻大学》第 6 期。

农业部、发展改革委、中央网信办等，2016，《农业部、发展改革委、中央网信办等 8 部门联合印发〈“互联网＋”现代农业三年行动实施方案〉》，登录时间：2019 年 8 月 26 日，http://www. gov. cn/xinwen/2016 - 05/12/content_5072834. htm。

Borgatti, S. P. , Jones, C. , and Everett, M. G. 1998. "Network Measures of Social Capital. " *Connections* 21（2）：27 - 36.

Bourdieu, P. 1984. *Distinction：Social Critique of the Judgment of Taste.* Trans. by Richard Nice, London：Routledge and Kegan Paul.

Bourdieu, P. 1986. "The Forms of Capital. " In Richardson, J. G. （Eds. ）, *Handbook of Theory and Research for Sociology of Education.* New York：Greenwood Press.

Brass, D. J. , Galaskiewicz, J. , Greve, H. R. , and Tsai, W. 2004. "Taking Stock of Networks and Organizations：A Multilevel Perspective. " *The Academy of Management Journal* 47（6）：795 - 819.

Coleman and James, S. 1988. "Social Capital in the Creation of Human Capital. " *American Journal of Sociology* 94：95 - 120.

Fafchamps, M. , and Minten, B. 2002. "Returns to Social Network Capital among Traders. " *Oxford Economic Papers* 54（2）：173 - 206.

Kayany, J. M. , & Yelsma, P. 2000. "Displacement Effects of Online Media in the Socio-technical Contexts of Households. " *Journal of Broadcasting & Electronic Media* 44：215 - 229.

Kohler, H. P. , Behrman, J. R. , and Watkins, S. C. 2007. "Social Networks and HIV/AIDS Risk Perceptions. " *Demography* 44（1）：1 - 33.

McPherson, M. , Smith-Lovin, L. and Cook, J. M. 2001. "Birds of a Feather：Homophily in

Social Networks. " *Annual Review of Sociology* 27: 415 – 444.

Monge, M. , Hartwich, F. and Halgin, D. 2008. *How Change Agents and Social Capital Influence the Adoption of Innovations among Small Farmers: Evidence from Social Networks in Rural Bolivia.* Washington: International Food Policy Research Institute.

Moser, C. M. , and C. B. Barrett. 2006. "The Complex Dynamics of Smallholder Technology Adoption: The Case of SRI in Madagascar. " *Agricultural Economics* 35: 373 – 388.

Rice and Aydin, R. C. 1991. "Attitudes toward New Organizational Technology: Network Proximity as a Mechanism for Social Information Processing. " *Administrative Science Quarterly* 36 (2): 219 – 244.

Rogers, E. M. and Kincaid, D. L. 1981. *Communication Networks: Toward a New Paradigm for Research.* New York: New York Free Press.

Rojas C. , et al. 2008. "Rabbit Nipple-Search Pheromone Versus Rabbit Mammary Pheromone. " In Jane Hurst, Robert J. Beynon, S. Craig Roberts, and Tristram Wyatt (Eds.), *Chemical Signals in Vertebrates 11.* Berlin: Springer.

Ted Mouw. 2006. "Estimating the Causal Effect of Social Capital: A Review of Recent Research. " *Annual Review of Sociology* 32: 79 – 102.

Valente, T. W. 1996. "Social Network Thresholds in the Diffusion of Innovations. " *Social Networks* 18 (1): 69 – 89.

Webb, Schirato and Danaher. 2002. "Understanding Foucault. " *Contemporary Political Theory* 1 (1): 119 – 120.

Wejnert B. 2002. "Integrating Models of Diffusion of Innovations: A Conceptual Framework. " *Annual Review of Sociology* 28 (1): 101 – 111.

创新性对农技员工作中使用社交媒体行为的影响

鉴于创新性对于农技员进行农技推广工作的重要性，本文对湖北 951 名农技员进行了问卷调查，分析结果显示，用罗杰斯的方法将农技员的创新性类型分为"创新先驱者""早期采用者""早期大众""后期大众""落后者"，不同创新性类型的个体在农技推广中使用社交媒体的方式有显著的差异。利用多项逻辑回归模型进行分析，笔者发现，大众媒介接触变量如日均电视收看时长、社交媒体日均使用时长、每周阅读杂志频率，社会资本变量如社交网络规模，人口统计学变量年龄等，对农技员个体所属的创新性类型均有显著的影响。

一 意义：创新性内因与农技推广的成效

（一）关注农技员群体创新性的意义

"农技员"全称是"基层农业技术推广人员"。2005 年中央一号文件对农技员及其所在的农业技术推广机构的主要职能进行了明确："主要承担关键技术的引进、试验、示范，农作物病虫害、动物疫病及农业灾害的监测、预报、防治和处置，农产品生产过程中的质量安全检测、监测和强制性检验，农业资源、农业生态环境和农业投入品使用监测，水资源管理和防汛抗旱，农业公共信息和培训教育服务等职能。"（刘振伟、李飞、张桃林，2013：71）各界普遍认为，加快现代农业技术推广人才队伍建设，造就一支高素质的农业技术推广队伍，是提高农业科技转化率、实施科技兴农战略的关键。所以，农技员的能力建设受到国家高度重视。2012 年中央一号文件明确要求："加强教育科技培训，全面造就新型农业农村人才队伍。广泛开展基层农技推广人员分层分类定期培训。"

在农技员的能力建设中，提升农技员的创新性至关重要。创新性决定了农技员自身对先进农业技术的接纳和掌握程度。创新性强的人具备五种技能：联系的技能，能将旁人认为不相关的领域、难题和想法联系起来；发问的技能，创新者总是在挑战现状、提出问题，而这会激发新的见解，提出新的可能性；观察的技能，通过观察找到解决问题的方法；交际的技能，通过与不同观点的人交谈，能够产生新的想法；实验的技能，创新性强的人有了新的想法之后，总是倾向于通过实验来检验这些想法（戴尔、葛瑞格森、克里斯坦森，2013：10）。事实上，联系、发问、观察、交际和实验的技能，对于农技员完成自己的工作非常关键。农技员教农民技术，自己先要懂技术，农技员创新性越强，其对农业技术的接纳能力也就越强。

既然如此，创新性在农技员身上是否有具体、统一的表现？有没有方法衡量其创新性？罗杰斯认为，创新性意味着接受创新并体现在行为改变上。在扩散研究领域，创新性是指个人比体系中其他成员更早接受创新的程度（罗杰斯，2016：283），这为我们衡量农技员的创新性提供了重要依据。

综上所述，提升个体的创新性是农技推广队伍建设的主要目标，创新性是扩散研究中的主要变量之一。

（二）农技员使用社交媒体的重要性

农技员的主要任务是推动先进农业技术的扩散，罗杰斯总结出创新扩散的四大要素：创新、传播渠道、时间和社会体系（罗杰斯，2016：13）。其中，传播渠道是指把信息从一方传递到另一方的手段和方法。罗杰斯认为，大众传播是最有效的创新信息传播渠道。所以，对于从事创新扩散工作的人员而言，掌握必要的媒介工具是非常重要的。

这是罗杰斯在其所处的时代研究创新扩散时所得出的结论。那么在互联网时代，尤其是移动互联网时代，社交媒体是否能扮演同样重要的角色，或者超过大众传播媒介呢？

从现有的研究来看，这种可能性是存在的。媒体的核心任务是传播信息。社交媒体日常运行的主要内容是信息的传播扩散，这是社交媒体的底层运行机制（宋凯，2018：115）。在研究社交媒体对信息传播的影响时，乔恩·德龙、特里·安德森认为，社交媒体平台在接入控制、角色配置、美观、易用性、价格、易管理性、工具性、长期发展前景、用户支持、整合能力等方面要优于传统的媒介工具（乔恩·德龙、特里·安德森，2018：349）。

正因为具有上述特点，社交媒体在信息的传播扩散方面具有独特的优势，尤其是在个体无法掌握大众媒介但又有迫切的信息传递需求时。农业技术的传播扩散网络可以看作以政府主管部门为主导，以千百个农技员为节点，向广大农民传递的网络。而从结构上来看，这个网络与社交媒体构成的网络有高度重合的一面。因此，农技员一旦将社交媒体作为农业技术传播的工具，社交媒体的上述优势即可转化为提高农技推广效率方面的优势。

另外，在农村地区，社交媒体的普及也已成为趋势。截止到2018年6月，中国农村地区的网民规模达2.11亿，普及率为36.5%。城乡网民在即时通信、网络音乐、网络视频等应用上表现出的差异较小（中国互联网络信息中心，2019）。农技员是农村地区受教育程度较高的群体，社交媒体在该群体中的普及率要高于其他群体（吴志远、陈欧阳，2017）。

由此可见，农技员使用社交媒体作为农技推广的工具，不仅在理论上必要，而且在现实中成为可能。鼓励农技员使用社交媒体作为农技推广工具的政策也已经出台。其中，《中华人民共和国农业技术推广法》提出，鼓励农技员运用现代信息技术等先进传播手段，普及农业科学技术知识，创新农业技术推广方式方法，提高推广效率。2018年7月，农业农村部在北京启动了全国农民手机应用技能培训周系列活动。

二　理论：创新采纳的 S 形曲线和社交媒体的使用方式

（一）创新性分类以及测量

罗杰斯认为，创新性是相对的，是相对于同一系统中其他人的先后，并且将呈现正态分布的创新采用者分为"创新先驱者""早期采用者""早期大众""后期大众""落后者"五大类别（罗杰斯，2016：296）。根据这一理论，本研究对农技员进行创新性分类［见下文三（二）"模型选择"］。

（二）创新性的影响因素

哪些因素会影响到农技员个体的创新性类型？以往的研究显示，大众媒介使用程度变量、人口统计学变量以及社交网络规模变量，均有可能影响农技员个体的创新性类型。

罗杰斯的研究表明，农场面积、受教育程度、接触媒介的程度以及个体所属的地区，与个体的创新性关系密切（罗杰斯，2016：285）。他认为，社会经济地位、价值观以及沟通行为和方式会对个体创新性产生影响（罗杰斯，2016：311）。而蒂雷尔（Thierer，2002），诺曼和卢茨（Norman & Lutz，2000）以及祝建华、何舟（2002）等人的研究显示，人口统计学变量中，年龄、性别、学历、收入等对个体创新性会产生不同程度的影响。肖鲁仁（2017）的研究表明：大量接触主流媒体尤其是涉农资讯的受众，在农民中间具有较高的威信，农民愿意向他们学习农业新技术、新方法。而格林的《变革如何发生》一书将个体产生创新性的原因归结为良好的教育、开阔的视野、对他人生活的理解和沟通能力等，该书还特别阐释了性别对创新性以及领导力的影响（格林，2018）。

根据以上研究成果，本研究确定自变量和因变量［见下文三（二）"模型选择"］，并提出如下相关假设。

H1：农技员的人口学统计学变量对其创新性类型有显著影响，具体来说：

H1a：农技员的性别对其创新性类型有显著影响。

H1b：农技员的年龄对其创新性类型有显著影响。

H1c：农技员的学历对其创新性类型有显著影响。

H1d：农技员的收入对其创新性类型有显著影响。

H1e：农技员家中人口规模对其创新性类型有显著影响。

H1f：农技员在当地居住时间对其创新性类型有显著影响。

H1g：农技员隶属县农技推广绩效对其创新性类型有显著影响。

H2：农技员媒介接触强度对其创新性类型有显著正向影响，具体来说：

H2a：农技员日均电视收看时长对其创新性类型有显著正向影响。

H2b：农技员日均广播收听时长对其创新性类型有显著正向影响。

H2c：农技员社交媒体日均使用时长对其创新性类型有显著正向影响。

H2d：农技员每周阅读报纸频率对其创新性类型有显著正向影响。

H2e：农技员每周阅读杂志频率对其创新性类型有显著正向影响。

H3：农技员的社会资本（社交网络规模）对其创新性类型有显著正向影响。

（三）社交媒体的使用方式

农技员使用不同的社交媒体会影响到农技推广的最终效果，那么，农技员在社交媒体使用上有哪些不同？本文将从农技员使用社交媒体联系同行/农民的人数、与同行/农民交流的频率、对使用社交媒体推广农技的效果感知这几个方面进行考察。理由如下。

信息流动是社交媒体运行机制的核心，而信息在社交媒体中的传递，是从1传n，再从n传n+n（宋凯，2018：70）。个体所拥有的平均连接数成为衡量整个网络传播能力的一个重要尺度（宋凯，2018：116）。具体到农技员，他们的农业技术传播能力与其使用社交媒体联系同行/农民的人数密切相关。

接触的频率会对态度产生影响。在预测一个人的行为倾向时，我们通常会将这个人与其对该行为所持的态度联系起来。其中，态度的可获得性是预测行为倾向非常有效的指标。个体态度越容易获得，我们就越容易准确地判断其行为倾向。而个体接触导致其产生态度的信息越多就越容易形成态度（格里格、津巴多，2003：495）。根据这个理论可以推断，农技员与其服务对象越是频繁地交流农业技术相关的信息（如该技术的优势），服务对象就越可能采用该项新技术。因此，本文将农技员使用社交媒体与同行/农民交流的频率作为一个重要的效果观测变量。

最后，根据信息技术接受模型2（TAM2），感知有用性包括对未来的预期，会对态度以及行为意向造成影响（Venkatesh and Davis，2000）。

按照上述研究成果，本文将农技员社交媒体的使用方式分为4个观测变量：

（1）是否使用社交媒体推广农技。

（2）使用社交媒体联系同行或者农民的人数。

（3）使用社交媒体与同行或者农民交流的频率。

（4）对使用社交媒体推广农技的效果感知。

（四）创新性对农技推广中社交媒体使用方式的影响

个体创新性的强弱，会对个体的创新行为产生影响。罗杰斯认为，"当一个观点、方法或物体被某个人或团体认为是新的时候，它就是一种创新"（罗杰斯，2016：14）。根据这一定义，农技员在农技推广中采用社交媒体来取代传统媒体作为推广工具，这本身就是一种创新行为。

那么，农技员在农技推广中会不会使用社交媒体这种比传统媒体更为先进的工具？他们会在多大范围内使用，使用的频率有多高？他们使用之后，感知的效果怎样？对这种工具在农技推广过程中使用效果的预期是什么？显然，这些问题都与农技员个体创新性有关。

由此，本文提出以下假设：

H4：不同创新性类型农技员在是否采用社交媒体推广农技上有显著差异。

H5a：不同创新性类型农技员在使用社交媒体与同行交流的人数方面有显著差异。

H5b：不同创新性类型农技员在使用社交媒体与同行交流的频率方面有显著差异。

H5c：不同创新性类型农技员在使用社交媒体与农民交流的人数方面有显著差异。

H5d：不同创新性类型农技员在使用社交媒体与农民交流的频率方面有显著差异。

H6a：农技员的创新性类型与其对社交媒体在农技推广中效果的感知显著相关。

H6b：农技员的创新性类型与其对社交媒体在农技推广中应用的前景预期显著相关。

三 模型：多项逻辑回归模型、卡方检验和方差分析模型

（一） 研究样本

本文以中部农业科教大省湖北为研究对象，采用多层级整群抽样的方法，以 2013 年农业技术推广绩效为依据，将该省的 105 个县（市、区）（以下简称县）分为高、中、低三个方阵。然后，每个方阵随机抽取 4 个县，一共抽取 12 个县作为研究样本。12 个县一共有 200 多个乡镇。研究人员对这 200 多个乡镇的农技员发放了 1300 份问卷，最终回收 951 份有效问卷，有效回收率 73%。样本人口统计学变量描述见表 1。

表 1 样本人口统计学变量描述

变量	分类	人数	百分比
县域	高绩效县	389	40.9%
	中绩效县	288	30.3%
	低绩效县	274	28.8%
性别	男	707	74.3%
	女	244	25.7%
年龄	≤25 岁	33	3.5%
	>25 岁且≤35 岁	118	12.4%
	>35 岁且≤45 岁	381	40.1%
	>45 岁且≤55 岁	349	36.7%
	>55 岁	70	7.4%
学历	高中及以下	212	22.3%
	大专	519	54.6%
	本科及以上	220	23.1%
月收入	1000 元及以下	15	1.6%
	1001～2000 元	251	26.4%
	2001～4000 元	613	64.5%
	4001～6000 元	66	6.9%
	6000 元以上	6	0.6%

续表

变量	分类	人数	百分比
家中人口规模	<3 人	21	2.2%
	=3 人	478	50.3%
	=4 人	236	24.8%
	≥5 人	216	22.7%
在当地居住时间	≤10 年	87	9.1%
	>10 年且≤20 年	140	14.7%
	>20 年且≤30 年	231	24.3%
	>30 年且≤40 年	232	24.4%
	>40 年	261	27.4%
从事农技工作时间	≤10 年	164	17.2%
	>10 年且≤20 年	200	21.0%
	>20 年且≤25 年	236	24.8%
	>25 年且≤30 年	168	17.7%
	>30 年	183	19.2%
社交网络规模	≤16 人	188	19.8%
	>16 人且≤28 人	194	20.4%
	>28 人且≤47 人	197	20.7%
	>47 人且≤73 人	183	19.2%
	>73 人	189	19.9%

（二）模型选择

首先，以农技员开始使用社交媒体年份的先后，以及不同年份的人数两个指标，绘制出社交媒体扩散的 S 形曲线，再根据均值 $\bar{x}$ 及标准差 sd，对农技员进行创新性分类。

其次，利用多项逻辑回归模型，对创新性的影响因素进行验证。该模型以农技员大众媒介使用变量、人口统计学变量以及社交网络规模变量等为自变量，以农技员创新性类型分类变量为因变量。

最后，分别使用卡方检验（因变量为分类变量）和方差分析模型（因变量为连续变量）来比较不同创新性类型的农技员在社交媒体的使用上是否存在显著差异。

四 发现：农技员创新性对其社交媒体使用有显著影响

（一）农技员创新性分类的结果

从图1和表2可以发现，尽管农技员社交媒体使用年限数据并不完全呈正态分布，但是与经典的创新扩散模型基本吻合。在罗杰斯的经典研究中，创新性分类的数据分布是创新先驱者占总人数的2.5%，早期采用者占13.5%，早期大众占34%，后期大众占34%，落后者占16%。在农技员队伍中，创新先驱者所占比例（4.5%）要高出罗杰斯经典研究中同一类型创新者接近1倍，原因是农技员队伍本来就是一个以创新为导向的群体。

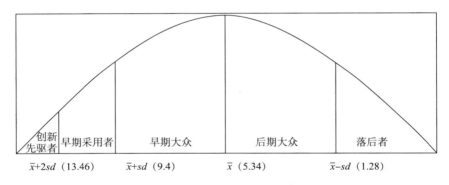

图1 罗杰斯经典研究中创新性类型分布

注：单位为年，均值为5.34年，标准差为4.06年。

表2 样本创新性类型分布情况

	人数	百分比	有效的百分比	累计百分比
创新先驱者	43	4.5%	4.5%	4.5%
早期采用者	131	13.8%	13.8%	18.3%
早期大众	250	26.3%	26.3%	44.6%
后期大众	309	32.5%	32.5%	77.1%
落后者	218	22.9%	22.9%	100.0%

（二）对创新性的预测变量的检验

1. 模型的适用性

从表3可以看到，回归模型整体通过显著性检验，$x^2 = 416.912$（$p <$

0.001），达到显著水平。相关系数卡方检验值 = 3621.482（$p > 0.05$），未达到显著水平，可认为多项逻辑回归模型适配度比较理想。13 个自变量可解释因变量创新性类别总变异的 35.5% ~ 37.5%，解释力为中等水平。

2. 显著性较强的预测变量

大众媒介接触变量日均电视收看时长、社交媒体日均使用时长、每周阅读杂志频率，人口统计学变量年龄，社会资本变量社交网络规模等，可以有效预测并解释农技员所属的创新性类型（$p < 0.05$）。H1b、H2a、H2c、H2e 和 H3 等假设得到证实。

3. 显著性较弱的预测变量

隶属县农技推广绩效、家中人口规模、每周阅读报纸频率等变量，也在一定程度上能够预测并解释农技员所属的创新性类型。H1e、H1g、H2d 等假设在显著性阈值为 0.1 的情况下得到验证。

前文中其他假设如 H1a、H1c、H1d、H1f 以及 H2b 没有得到验证。

表 3　整体模型的适配度及个别参数显著性检验摘要

效应	模型拟合条件	似然比检验			关联强度
	简化模型的 -2 对数似然	卡方	自由度	显著性	
截距	2370.968a	.000	0	.000	
性别	2378.176	7.209	4	.125	
年龄	2411.822	40.854	16	.001	
学历	2382.488	11.520	8	.174	
个人月收入	2387.217	16.249	16	.436	
家中人口规模	2391.248	20.280	12	.062	Cox-Snell $R^2 = .355$, Nagelkerke $R^2 = .375$
在当地居住时间	2388.488	17.521	16	.353	
隶属县农技推广绩效	2386.388	15.420	8	.051	
日均电视收看时长	2403.467	32.500	16	.009	
日均广播收听时长	2388.936	17.969	16	.326	
社交媒体日均使用时长	2426.692	55.724	16	.000	
每周阅读报纸频率	2408.911	37.944	28	.099	
每周阅读杂志频率	2414.628	43.661	28	.030	
社交网络规模	2397.489	26.521	16	.047	
整体模型适配度检验	$x^2 = 416.912$ *** ；相关系数卡方检验值 = 3621.482 n. s.				

注：*** $p < 0.001$；n. s. $p > 0.05$。

（三）不同创新性类型农技员在社交媒体使用效果方面的差异

利用校正后的标准化残值进行事后比较，结果显示，创新性类型是"后期大众"的农技员，在使用社交媒体推广农技的行为上，要显著多于创新性类型是"落后者"的农技员（见表4）。

表4 不同类型农技员对是否使用社交媒体推广农技的选择

			农技员的创新性类型					事后比较
			创新先驱者（A）	早期采用者（B）	早期大众（C）	后期大众（D）	落后者（E）	
是否使用社交媒体推广农技	是	人数	35	104	200	251	138	E < D
		百分比	3.7%	10.9%	21.0%	26.4%	14.5%	
	否	人数	8	27	50	58	80	E > D
		百分比	0.8%	2.8%	5.3%	6.1%	8.4%	

利用校正后的标准化残值进行事后比较，结果显示，在"完全不用"社交媒体与同行交流的选项上，创新性类型为"落后者"的农技员要显著多于创新性类型为"早期采用者""早期大众""后期大众"的农技员。在"有时用"选项上，创新性类型为"后期大众"的农技员要显著多于创新性类型为"落后者"的农技员（见表5）。这是一个比较有趣的发现，说明农技员在行为上与农民相似，一旦他们掌握了某项技术，就会物尽其用，将其使用在每一个合适的场合。

表5 不同类型农技员使用社交媒体与同行交流的频率

			农技员的创新性类型					事后比较
			创新先驱者（A）	早期采用者（B）	早期大众（C）	后期大众（D）	落后者（E）	
使用社交媒体与同行交流的频率	完全不用	人数	2	4	5	12	56	E > D E > C E > B
		百分比	0.2%	0.4%	0.5%	1.3%	5.9%	
	偶尔用	人数	7	16	40	53	29	
		百分比	0.7%	1.7%	4.2%	5.6%	3.0%	

			农技员的创新性类型					事后比较
			创新先驱者（A）	早期采用者（B）	早期大众（C）	后期大众（D）	落后者（E）	
使用社交媒体与同行交流的频率	有时用	人数	11	48	94	135	71	D > E
		百分比	1.2%	5.0%	9.9%	14.2%	7.5%	
	经常用	人数	19	58	101	101	58	
		百分比	2.0%	6.1%	10.6%	10.6%	6.1%	
	天天用	人数	4	5	10	8	4	
		百分比	0.4%	0.5%	1.1%	0.8%	0.4%	

利用校正后的标准化残值进行事后比较，结果显示，在"完全不用"社交媒体与农民交流的选项上，创新性类型是"落后者"的农技员要显著多于创新性类型为"后期大众"的农技员。在"偶尔用"选项上，"早期采用者"类型的农技员要略多于"落后者"类型的农技员，究其原因，可能是"早期采用者"类型的农技员会有更多的兼职行为，他们并没有将先进的社交媒体用在与农民交流上。在"有时用"选项上，"早期大众"类型的农技员要显著多于"落后者"类型的农技员。在"经常用"选项上，"后期大众"类型的农技员要显著多于"落后者"类型的农技员（见表6）。

表6　不同类型农技员使用社交媒体与农民交流的频率

			农技员的创新性类型					事后比较
			创新先驱者（A）	早期采用者（B）	早期大众（C）	后期大众（D）	落后者（E）	
使用社交媒体与农民交流的频率	完全不用	人数	3	17	36	27	70	E > D
		百分比	0.3%	1.8%	3.8%	2.8%	7.4%	
	偶尔用	人数	5	30	35	57	29	B > E
		百分比	0.5%	3.2%	3.7%	6.0%	3.0%	
	有时用	人数	23	51	121	146	83	C > E
		百分比	2.4%	5.4%	12.7%	15.4%	8.7%	
	经常用	人数	11	31	58	75	35	D > E
		百分比	1.2%	3.3%	6.1%	7.9%	3.7%	
	天天用	人数	1	2	0	4	1	
		百分比	0.1%	0.2%	0.0%	0.4%	0.1%	

利用校正后的标准化残值进行事后比较，结果显示，在使用社交媒体推广农技的效果感知中，在对前景"不看好"选项上，"落后者"类型的农技员显著多于"后期大众"类型的农技员。在"看好"选项上，"后期大众"类型的农技员要显著多于"早期采用者"类型的农技员（见表7）。这个发现也非常有趣，说明在掌握先进技术之后，创新性比较弱的人反倒比创新性比较强的人对社交媒体使用的前景更为乐观。

表7　不同类型农技员对使用社交媒体推广农技的效果感知

			农技员的创新性类型					事后比较
			创新先驱者（A）	早期采用者（B）	早期大众（C）	后期大众（D）	落后者（E）	
对使用社交媒体推广农技前景的看法	不看好	人数	2	10	7	8	16	E > D
		百分比	0.2%	1.1%	0.7%	0.8%	1.7%	
	不确定	人数	8	38	56	77	53	
		百分比	0.8%	4.0%	5.9%	8.1%	5.6%	
	有点看好	人数	6	10	30	31	35	
		百分比	0.6%	1.1%	3.2%	3.3%	3.7%	
	看好	人数	19	50	118	160	89	D > B
		百分比	2.0%	5.3%	12.4%	16.8%	9.4%	
	非常看好	人数	8	23	39	33	25	
		百分比	0.8%	2.4%	4.1%	3.5%	2.6%	

从表8和表9可以发现，不同创新性类型的农技员，在使用社交媒体联系同行、农民的人数及对使用社交媒体推广农技的效果感知上有显著差异。整体而言，创新性越强的人，使用社交媒体联系同行和农民的人数，要多于那些创新性比较弱的人。在对使用社交媒体推广农业技术的效果感知上，也存在同样的现象。

表 8　农技员使用社交媒体联系同行、农民的人数及对使用社交媒体推广农技的
效果感知的描述统计量

		N	平均数	标准差
使用社交媒体联系同行的人数	创新先驱者（A）	43	1.4767	.42030
	早期采用者（B）	131	1.3887	.51007
	早期大众（C）	250	1.4274	.46016
	后期大众（D）	309	1.3876	.42571
	落后者（E）	218	1.0320	.70118
使用社交媒体联系农民的人数	创新先驱者（A）	43	1.0440	.58371
	早期采用者（B）	131	.8655	.55549
	早期大众（C）	250	.9030	.53287
	后期大众（D）	309	1.0067	.50817
	落后者（E）	218	.7304	.61141
对使用社交媒体推广农技的效果感知	创新先驱者（A）	43	.0065509	.88467188
	早期采用者（B）	131	.0271026	1.04110373
	早期大众（C）	250	.0959400	.97338898
	后期大众（D）	309	.0844667	.87845067
	落后者（E）	218	-.2473273	1.14538383

注：使用社交媒体联系同行、农民的人数，均经过取对数处理；对使用社交媒体推广农技的效果感知数值是根据农技员使用 QQ、微信、微博 3 种社交媒体推广农技的效果感知提取公因子而得（KMO 值为 0.73）。

表 9　不同类型农技员使用社交媒体联系同行、农民的人数及对
使用社交媒体推广农技的效果感知的比较

		平方和	df	平均平方和	F	事后比较 Tamhane 检验	事后比较 Dunnett T3 检验	事后比较 Games-Howell 检验	事后比较 Dunnett C 检验
使用社交媒体联系同行的人数	组间	24.054	4	6.014	22.181***	A > E B > E C > E D > E	A > E B > E C > E D > E	A > E B > E C > E D > E	A > E B > E C > E D > E
	组内	256.476	946	.271					
	总和	280.531	950						

续表

		平方和	df	平均平方和	F	事后比较 Tamhane 检验	事后比较 Dunnett T3 检验	事后比较 Games-Howell 检验	事后比较 Dunnett C 检验
使用社交媒体联系农民的人数	组间	10.838	4	2.710	8.969***	A > E C > E D > E	A > E C > E D > E	A > E C > E D > E	A > E C > E D > E
	组内	285.783	946	.302					
	总和	296.621	950						
对使用社交媒体推广农技的效果感知	组间	17.939	4	4.485	4.552**	C > E D > E	C > E D > E	C > E D > E	C > E D > E
	组内	932.061	946	.985					
	总和	950.000	950						

注：** $p < 0.05$，*** $p < 0.001$；因为样本方差不齐，所以事后比较采用适宜方差异质的 Tamhane 检验、Dunnett T3 检验、Games-Howell 检验和 Dunnett C 检验。

五 总结：影响农村互联网扩散的因素由外因向内因转移

（一）制约农村互联网媒体扩散的主导因素，由外在环境因素向内在因素转变

将本研究中多项逻辑回归模型的分析结果与十多年前知名学者郝晓鸣等所做的中国农村地区互联网扩散研究进行对比（郝晓鸣、赵靳秋，2007），可以发现，影响互联网在农村扩散的主导因素已经发生变化。这意味着，与加大农村互联网基础设施建设力度相比，提升农技员队伍的社交媒体使用水平更利于社交媒体作为农技推广工具在农村地区的普及。

虽然，随着社交媒体的普及，农技员将其使用在农业技术推广过程中会是一个自然的过程，但是，这个过程太过缓慢。

本研究还发现：农技员在利用社交媒体进行农技推广之后，对其效果的感知与对其将来的预期效果相比，积极的评价要低很多。原因可能是，截止到本研究结束，农技员在农技推广中运用社交媒体还处在自发状态，并没有形成专业的、系统的使用模式。

综上所述，应该加大对农技员使用社交媒体开展农技推广工作的培训力度。同时，通过政策鼓励、示范观摩以及物质奖励等方式，扩大农技员使用社交媒体推广农技的覆盖面。

（二） 经典创新扩散模型至今仍具有较强的适用性

根据这一发现，我们可以有针对性地对不同类型的农技员采取不同的社交媒体使用培训方式。

（三） 社交媒体使用越熟练，农技员就越能在农技推广中发挥社交媒体的独特优势

针对这一发现，可以有目的、有意识、系统性地对农技员社交媒体使用行为进行强化，比如采取政府补贴上网费用等措施促进农技员使用社交媒体与农民和同行交流。

（四） 本文的创新之处与下一步研究的方向

本研究的创新之处在于发现影响互联网在农村地区扩散的主导因素发生了重要变化，即由外在的环境因素（如组织推动）转变为个体内在因素（如个体的年龄、大众媒介使用习惯以及社会资本等）。

因此，有关部门在制定相关政策和措施时，也应该将重点由原来加大基础设施投入向大力提升农技员自身的素养转变。

今后，可在本研究基础上引入更多的社会及环境变量，进一步完善对个体创新性分类的预测模型，提高模型预测的准确率。

（本文由吴志远与谢华合作撰写）

参考文献

邓肯·格林，2018，《变革如何发生》，王晓毅等译，北京：社会科学文献出版社。

郝晓鸣、赵靳秋，2007，《从农村互联网的推广看创新扩散理论的适用性》，《现代传播（中国传媒大学学报）》第6期。

杰夫·戴尔、赫尔·葛瑞格森、克莱顿·克里斯坦森，2013，《创新者的基因》，曾佳宁译，北京：中信出版社。

理查德·格里格、菲利普·津巴多，2003，《心理学与生活》，王垒、王甦等译，北京：人民邮电出版社。

刘振伟、李飞、张桃林主编，2013，《农业技术推广法导读》，北京：中国农业出版社。

罗杰斯，2016，《创新的扩散（第五版）》，唐兴通、郑常青、张延臣译，北京：电子工业出版社。

乔恩·德龙、特里·安德森，2018，《集群教学——学习与社交媒体》，刘黛琳、孙建华、武艳、来继文译，北京：国家开放大学出版社。

宋凯，2018，《社会化媒体：起源、发展与应用》，北京：中国传媒大学出版社。

吴志远、陈欧阳，2017，《资本禀赋差异与农技员社交媒体使用》，《现代传播（中国传媒大学学报）》第 3 期。

肖鲁仁，2017，《农业技术创新扩散的媒介传播效果分析》，《湖南社会科学》第 4 期。

中国互联网络信息中心，2019，《第 43 次中国互联网络发展状况统计报告》，登录时间：2019 年 5 月 4 日，http://www.cac.gov.cn/2019zt/cnnic43/index.htm。

祝建华、何舟，2002，《互联网在中国的扩散现状与前景：2000 年京、穗、港比较研究》，《新闻大学》第 2 期。

Norman H. Nie & Lutz Erbring. 2000. "Internet and Society: A Preliminary Report." In *Digital Divide*, Cambridge: MIT Press.

Thierer, A. D. 2002. "Federalism and Commercial Regulation." In Donald P. Racheter, Richard E. Wagner (Eds.), *Federalist Government in Principle and Practice*, Boston: Kluwer Academic Publishers.

Venkatesh, V. and Davis, V. F. D. 2000. "A Theoretical Extension of the Technology Acceptance Model: Four Longitudinal Field Studies." *Management Science* 46 (2): 186 – 204.

第二部分

社交媒体对农技员综合素质提升的影响

农技员媒介使用能力影响因素实证研究

在大众媒介时代，在农业创新扩散领域的研究中，学者对媒介作用以及农技员媒介使用能力并不是特别关注。在互联网时代，社交媒体给农业创新扩散，特别是在提升农业技术推广效率方面带来新的突破口。通过对湖北 951 名基层农业技术推广人员的问卷调查，并利用 SPSS 22 进行统计分析，结果显示，包括 QQ、微信在内的社交媒体正在成为农业技术推广的重要工具。但是，基层农业技术推广人员的媒介使用能力并不乐观。本研究发现，刺激农技员对先进农业技术的需求感知，提高组织的重视程度，加大农技员媒介接触强度，提升农技员的文化资本、社会资本，有助于提升农技员的媒介使用能力。本文对传统农业创新扩散领域比较薄弱的研究环节——媒介作用进行了研究，也为提升基层农技推广人员的关键素质提供了新的思路。

一 意义：媒介使用能提升农技员工作能力

罗杰斯的创新扩散理论是该领域研究的经典理论，其出发点是研究大众媒介的效果（匡文波，2014）。因此，创新扩散理论自诞生之日起，就与媒介技术紧密相连。

罗杰斯证明了大众媒介在创新扩散的"知晓"阶段发挥作用（罗杰斯，2016：177）。祝建华、何舟（2002）认为在推动创新扩散的过程中，大众媒介与人际传播结合会起到很好的效果。大众媒介与人际传播都是通过帮助潜在用户形成或改变对创新物特征的主观认识在创新扩散中发挥作用的。

当然，在大众媒介占主导地位的时代，在创新扩散领域的研究中，媒介变量难以成为被关注的重点，主要是因为大众媒介被资本和利益集团高度垄断（康佩恩、戈梅里，2006：10），普通大众包括农业技术推广人员在内，无法掌握大众媒介，也很难主动去使用大众媒介。正如罗杰斯所言，在创新扩散中，大众媒介只是意见领袖接触外界新知识的窗口（罗杰斯，2016：323）。研究者们也无法衡量大众媒介在农业创新扩散中发挥作用的大小。

到了互联网及社交媒体时代，这种局面正在被打破：由于互联网的迅速普及，社交媒体的扩散程度超过历史上所有存在过的其他媒介。社交媒体的影响无处不在，其触角甚至延伸到农村最偏远的角落（中国互联网络信息中心，2019）。

社交媒体的迅速普及，意味着个体对媒介工具的掌握，拥有越来越多的主动权。依靠社交媒体，个体可以有更多参与、交流的机会；可以与更多的人展开对话、互动；可以与更多的人分享知识；可以有更多的机会公开发表自己的观点；可以参与或者组建志趣相投的社区、团体；可以连接更多的陌生人、团体和原本陌生的世界（董金权、洪亚红，2017：6－8）。显然，社交媒体赋予个人的这些能力，对基层农业技术推广人员改善自己的工作条件大有裨益。

媒介的进化也激发了研究人员的兴趣。他们跟随媒介技术及形态演变的步伐，进一步研究媒介在创新扩散中的作用。研究发现，随着媒介技术的进化，媒介在创新扩散中发挥的作用越来越大，地位也越来越显著（于爱华、刘爱军，2017）。

从这些研究中不难得出结论：农业技术推广人员对媒介技术掌握得越多，其媒介使用能力越强，推动农业创新扩散的效果就越显著。

因此，本研究将进一步围绕以下两个问题展开讨论：农业技术推广人员的媒介使用能力现状如何？哪些因素会影响他们的媒介使用能力？显然，搞清这些问题，对下一步采取有针对性的措施，提升农技推广人员的工作能力大有好处。

媒介使用能力是本研究的重要结果变量，本研究对其内涵的界定，是以波特的媒介素养理论为基础。波特（2012：329）认为：媒介使用能力作为现代媒介素养的重要内涵，已经成为个体现代性的一种体现。媒介使用能力体现为获得媒介影响过程的控制权，既包括对媒介技术的掌握能力，也包括对媒介信息或内容的处理能力。

本研究立足于工具性视角，将媒介使用能力的定义操作化为对媒介技术的掌握能力，而媒介使用能力的另一层含义"对媒介信息或内容的处理能力"，暂不作为考察对象。本研究涉及的其他理论，还包括罗杰斯的创新扩散理论、布迪厄的社会资本理论等。

二　理论：媒介接触、个人资本禀赋及感知需求与媒介使用

（一）创新扩散离不开媒介作用

"创新扩散的本质，就是人们对新事物主观评价的交互的社会历程"（罗杰斯，2016：Ⅸ）。作为创新扩散理论的提出者和优化者，罗杰斯认为利用创新扩散理论，可以解释人类最重要的发展历程——社会变迁。

在对创新扩散本质的阐释中，抓住"新事物""主观评价""交互"这几个关键词，就可以将创新扩散看作关于"新事物的信息传播与交流的过程"。用罗杰斯的话来说，"扩散就是一种沟通，只不过其所传递的内容是关于创新的"（罗杰斯，2016：13）。扩散的关键就是一个用户会和其他用户分享信息，这需要利用传播渠道来完成。

因此，罗杰斯的创新扩散模型包括四大要素，分别是创新、传播渠道、时间和社会体系（罗杰斯，2016：13）。罗杰斯统计，在所有的扩散研究成果中，对传播渠道的研究占7%（罗杰斯，2016：98）。罗杰斯给传播渠道下的定义是"信息从一方传递到另外一方的手段和方法"（罗杰斯，2016：20）。

进而，罗杰斯认为，"大众传播是最有效的创新信息传播渠道"，他所指的大众传播渠道包括广播、电视、报纸。他引用卡茨和拉扎斯菲尔德的研究成果说，"创新思想往往从广播和平面媒体流向意见领袖，然后从意见领袖流向那些对创新不太积极的群体"（罗杰斯，2016；卡茨、拉扎斯菲尔德，2016）。施拉姆、波特在《传播学概论》中对罗杰斯、拉扎斯菲尔德等人的观点进行进一步阐释，认为在创新扩散中，大众媒介的影响在扩散的

早期阶段比较大（施拉姆、波特，2010：202）。

梳理以上背景，有助于解释为什么媒介作用在创新扩散中应该受到关注。因为创新扩散过程离不开传播渠道，而媒介是比人际传播等其他传播渠道更有效的传播渠道。

当然，卡茨、拉扎斯菲尔德、罗杰斯、施拉姆、波特等人没有来得及深刻感受互联网以及新型媒介的威力，特别是社交媒体在沟通中所起到的作用。否则，他们对媒介工具在创新扩散中的作用，一定会有新的认识。不过，对媒介新技术效果的系统研究，往往是在该技术被大众相当程度地接受之后才开始的（斯帕克斯，2004：211）。可以预见，人们对社交媒体的广泛使用将为创新扩散领域的研究提供新的契机。

由以上分析可以看到，关注媒介的作用是创新扩散研究的一个传统视角。

在农业创新扩散中关注媒介的作用是由媒介自身的功能决定的。麦克卢汉认为，"是媒介而不是信息决定着人类行为的改变"（斯帕克斯，2004：226）。他还认为，与普通人理解不同，媒介不仅是知识和内容的载体，而且对知识和内容有强烈的反作用。媒介具有积极性、能动性，它决定着信息的结构方式和清晰度，因此对信息有重大影响（麦克卢汉，2011：15）。也就是说，媒介自身也会影响、塑造人们的行为方式。媒介对创新扩散的影响还不仅于此，它对人，比如对创新扩散接受者的感知也有强烈的影响，不同媒介对不同感官起作用，平面媒介影响视觉，视听媒介影响触觉（麦克卢汉，2011：15）。

对于媒介的作用，斯特林（2014：6）进一步总结：大众媒介的技术进步让人类在21世纪早期发现了自己，也带来人类的进化；人们具备了有效处理与日俱增的大量信息的能力。斯特林还认为，随着技术的发展和进步，社会和文化的结构和价值必然会发生变化。每种新型媒介的出现，都开创了社会生活和社会行为的新方式，媒介是社会发展的基本动力，也是区分不同社会形态的标志。美国社会学家罗基齐和波尔夫妇的研究认为，媒介对维护或改变原有的价值观念、促进新的观念形成等有显著影响（潘忠党，1996）。进入网络媒体时代，新的媒体形态层出不穷。尼古拉·尼葛洛庞帝（2017：55）在其《数字化生存》一书中甚至断言，进入数字媒体时代，媒介不再仅仅提供信息。以媒介为中心将成为一种生活方式，对所有人来说都是如此。

总结以上技术决定论的观点，可以推断，媒介在创新扩散中的作用包括两个方面：一是传递创新信息、知识；二是对创新信息、知识起反作用。

在农业创新扩散中关注媒介作用是由媒介使用所产生的效果决定的。波特（2012：354）的研究表明，媒介工具可以对个体和组织产生即时效果和长期效果。即时效果包括认知效果、态度效果、情感效果和行为效果。其中，认知效果包含短期学习、强化学习、拓展学习；态度效果包含塑造观点、改变观点、对比效果、接种免疫、即时强化；情感效果包含即时反应、情绪管理；行为效果包含吸引力、模仿和激活。而长期效果包括掌握学习议程、增强记忆、归纳现象本质、揭露社会运作秘密、保持关注和兴趣、改变认知行为等。显然，波特的分析有助于我们进一步了解媒介在创新扩散中的价值。

不仅如此，依据使用与满足理论，不同（或相似）的媒介可以满足不同（或相似）的需求。卡茨、布卢姆勒、古列维奇等人在1974年所撰写的著名论文《个人对大众传播的使用》中指出，不同的媒介（如书籍和报纸）具有不同的技术特性和信息功能，与自我实现和自我满足有关，它们帮助个体与"自我联系"；与此同时，广播和电视则帮助人们联系社会和他人（巴雷特、纽博尔德，2004：204－205）。显然，互联网和社交媒体不仅具备传统媒体上述所有功能，而且开拓了无限的可能。

在农业创新扩散中关注媒介的作用是由农村社会经济发展的实际情况决定的。前文提到，本质上，创新扩散就是知识借助媒介扩散的过程。媒介既是内容的载体，也是扩散传播的重要环境因素，这一点在各国农村创新扩散实践中得到了充分体现。例如，在韩国"一村一社"运动中，报纸被成功地用于动员各界关注农村，并起到促进城乡交流的重要作用。广播在为美国农业人口提供市场信息，天气预报、农作物新品种信息，耕种技术和摆脱孤独、隔离感等方面，发挥了重要作用。而在日本，广播、电视、报纸发挥了共振效应，促进"一村一品"运动的推广（李红艳，2014：125）。

基于上述分析，在研究农业创新扩散过程中，关注媒介使用及其效果，就成了题中应有之义。

故而，本研究提出的第一个问题是：在农业创新扩散中，农技员最常用的或最看重的媒介有哪些？

（二）媒介使用能力的重要性日益显现

前文论述了在农业创新扩散中，媒介作用的重要性日益提升。当然，媒介作用的发挥要依靠人来完成。不同的个体使用媒介显然会有不同的效果，因为个体的媒介使用能力是有差异的。

过程学派的费斯克认为，传播就是信息的传递，需要高度关注传播的效果和正确性（费斯克，1995）。而这种效果和正确性，取决于信息发送方和接收方如何编码和解码以及信息的传输者怎样使用媒介（江根源，2012）。换句话说，传播的效果与传受双方的媒介使用能力有关。因此，本研究将媒介使用能力作为关键的结果变量加以考察。

媒介使用能力是媒介素养概念中的一个子概念。詹姆斯·波特将媒介素养定义为"一种视角，我们积极地运用它来接触媒介，解释我们所遇到的消息的意义"。波特把个体的目标和动机、个体的技能、个体的知识结构作为媒介素养的三大基石。这三者之间的关系是，个体掌握的技能是工具，来自媒介和现实世界的信息是原料，而工具和原料是用来构筑个体的知识结构从而最终实现个体的目标和动机（波特，2012：13－19）。波特所提到的个体的技能就类似于本研究所提到的媒介使用能力。

应当看到，在波特所在的时代，媒介类型是比较有限的，因此，他对媒介使用能力的研究，止步于对媒介内容的分析、评价、分类、归纳、演绎、提炼和综合。事实上，媒介技术的发展速度超出常人的想象。近20年互联网技术的进化以及不断涌现的媒介新形态让人眼花缭乱。一个人要想同时熟练使用多种媒介，并非一件轻而易举的事情。因此，媒介使用能力还应该包括对不同媒介技术的掌握程度。

结合麦克卢汉的观点来看，媒介即信息本身，媒介不仅带给人们信息和知识，而且决定着人们的思维方式。可以说，互联网以及社交媒体的兴起，给人们的思维方式带来变化，同时验证了麦克卢汉的观点。从这个意义上说，个体每多掌握一种媒介技术，就会多形成一种思维模式。所以，对媒介技术的掌握程度也应该作为媒介使用能力考察的重点。显然，一个人能够熟练运用的媒介种类越多，那么他的媒介使用能力就越强，也意味着他在信息时代拥有越多的选择权和自由。

长期以来，农村地区信息比较闭塞，获取信息渠道狭窄，一些渠道如图书馆、各种行业交流会议，短时间内难以得到拓展。在此背景下，随着互联网的普及以及各种新媒体的涌现，农技员的媒介使用能力就显得更为重要。

首先，媒介使用能力对农技员的重要性是由媒介在创新扩散中的作用决定的。前文已充分论证了媒介在创新扩散中的重要性。媒介作为沟通工具，是由人来掌握的。媒介的作用要得到充分发挥，需要使用者对媒介有较强的控制和使用能力。

在我国的农业技术创新扩散实践中，农技员扮演着重要的角色，他们是先进农业技术代理人和推广者，他们的工作是说服农民采用这些先进农业技术。卡茨和拉扎斯菲尔德（2016：19）认为，劝服过程受到传送信息渠道的影响，采用不同的媒介会产生不同的效果，掌握多种媒介既必要也重要。罗杰斯（2016：323）的研究表明，媒介特别是大众媒介对创新认知较早的人会产生比较大的影响，他们受到大众媒介的吸引，开始进行创新尝试，成功之后，再吸引更多人接纳创新。哥伦比亚大学应用社会学者卡茨认为，个体对技术的采纳行为，受到媒介及其环境与个体的特征相互作用的影响（张竞文，2013）。

国内很多关于农业技术创新扩散的研究，也开始强调农技员媒介使用能力的重要性。刘继忠等（2006：104）认为，农技员工作旨在传播各类农业科技信息，劝服农民改变生产、生活方式，某一传播形式或媒介只要有利于实现这一宗旨，农技员就应该学会使用，包括口头的、文字的、图像的、视频的。董成双等（2006：114）认为，农技推广人员应该从容适应媒介技术的发展，熟练使用博客、电子邮件、即时通信等传播手段，以更好地进行农业科技传播。肖鲁仁（2017）认为，包括农技员、科技示范户在内的农业技术推广领域的意见领袖，应该非常善于利用媒介获取农业技术信息并进行示范推广。

进一步的研究还发现，如果农技员的媒介使用能力太弱，将给农技推广工作带来阻碍。蒋建科等（2005）认为，农业新技术的推广，如果仅靠农技员的人际传播，忽略媒介的使用，将导致推广速度慢，推广面有限，

而且推广周期较长，正确使用媒介工具有助于提高推广的效率。董成双等
（2006）也认为，我国农技推广长期以人际交流为主要手段，因为推广人员
不足，水平参差不齐，又未能及时掌握先进信息技术，所以先进农业技术
的传播效果不太理想。

信息技术的发展要求个体大幅提高媒介素养，个体的媒介使用能力越
来越重要，对于从事技术推广的人员来说，尤其如此。

所谓"媒介素养"，是指使用和解读媒介信息所需要的知识、技巧和能
力（段京肃、杜骏飞，2007：18）。霍布斯提出，媒介素养的内涵，应该是
从能够独立使用媒介，到思考分析，再到利用媒介参与创造的一系列过程
（郑素侠，2010）。但以往对媒介素养的研究，并不特别关注媒介使用能力。
在大众媒介发展的鼎盛期，媒介素养研究关注更多的是受众接受、识别、
处理和反馈信息的能力，注重媒介信息所带来的负面效果，强调大众不应
该盲从各种媒介信息（波特，2012：12）。这些研究重视个体对媒介信息处
理的能力，而忽视个体对媒介技术的把控能力。大众媒介时代媒介技术的
发展与互联网时代媒介技术的飞速变化，不可同日而语。正如彭兰（2013）
在研究网络媒体时代媒介素养内涵变化时所说的那样，传统媒体除了文字
阅读能力之外基本上没有使用门槛，但是新媒体则要求使用者有一定的能
力，而且不低，尤其是各种社会化媒体要求使用者必须掌握相关操作。她
认为，随着媒介生态环境的变化，媒介形态越来越多，也越来越复杂，受
众使用媒介的能力成为媒介素养研究中需要重点关注的对象。

随着互联网媒体的发展，媒介生态环境发生了巨大变化，传统媒体的
影响力逐渐消退，包括社交媒体在内的新媒体在人们的信息生活中扮演的
角色越来越重要，传者和受众的边界日益模糊，新媒体技术给大众赋权。
这种情形导致对媒介素养研究的关注点，逐渐转移到丰富多彩的媒介技术
自身上来。能够掌握各种先进的媒介技术，也成为个体现代性的重要体现。
正如施拉姆和波特（2010：289）所预言的那样，信息革命时代的一个重要
趋势，就是个体的媒介使用能力将得到提升。

有研究者认为，在新媒体时代，个体对微博、微信的使用能力，是个
体媒介素养提升的一个指标（刘鸣筝、陈雪薇，2017）。还有研究者认为，
对媒介的使用和传播活动的参与，应该成为媒介素养考察中的核心部分，

也是最重要的部分。例如，对农民媒介素养的研究，应该考察农村受众是否掌握利用媒介搜集信息的方法，是否能够通过媒介发布信息（李苓、李红涛，2005）

因此，本研究将关注的第二个问题是：农技员媒介使用能力整体现状如何？

（三）媒介接触强度对媒介使用能力的影响

既然媒介使用能力对农技员如此重要，那么，影响到农技员媒介使用能力提升的因素有哪些？这是本研究将关注的第三个问题。

对于媒介使用技能，波特说："技能是人们通过实践培养起来的工具。它们就像肌肉一样，你练得越多，它们就会越强壮。没有训练，技能就会退化。"（波特，2012：15）换句话说，个体媒介使用得越多，其媒介使用能力就越强。拉扎斯菲尔德等（2012：103－115）在对美国选民的研究中发现，对一种媒介接触程度高的选民，对其他媒介的接触程度也较高。可见，个体媒介接触强度对媒介使用能力有直接影响。

媒介接触是媒介素养理论中的一个重要概念。媒介接触的内涵包括媒介拥有率、媒介接触时间、媒介接触动机、媒介接触内容等（路鹏程等，2007；蔡楚泓，2012；李金城，2017：27）。

媒介接触时间或者媒介接触频率是媒介接触研究中重要的观测变量（凯尔士，2014：8；廖圣清等，2015），它既是研究传统媒体使用时常用的变量，也被广泛应用于对新媒体，如社交媒体、网站使用强度的测量。据调查，农技员接触到的媒介主要是电视、广播、报纸、杂志和网络媒体（彭月萍，2009；傅海，2011；陈莹，2013）。还有研究表明，与基于人口统计学特征的受众分类方法相比，基于媒介拥有和使用情况的受众分类方法在网络参与、社交媒体使用等方面具有更高的预测价值（沈菲等，2014）。

综合以上观点，本研究拟将媒介使用时间、频率、媒介（指电子设备）拥有情况作为测量媒介接触强度的重要指标，并提出如下假设：

H1a：农技员每周阅读报纸频率与媒介使用能力正相关；
H1b：农技员每周阅读杂志频率与媒介使用能力正相关；

H1c：农技员日均电视收看时长与媒介使用能力正相关；

H1d：农技员日均广播收听时长与媒介使用能力正相关；

H1e：农技员社交媒体日均使用时长与媒介使用能力正相关；

H1f：农技员社交媒体使用年限与媒介使用能力正相关；

H1g：农技员电子设备占有情况与媒介使用能力正相关。

（四） 个体资本禀赋对媒介使用能力的影响

除了媒介接触强度外，研究表明，个体资本禀赋也会影响到媒介使用能力。

个体资本禀赋包括经济资本、社会资本和文化资本。其中，经济资本以货币为外在符号，社会资本以社交网络规模、个人声望等为外在符号，而文化资本则以学历等为外在符号（朱伟珏，2005）。布迪厄在研究中发现，出身不同阶级的孩子，所能取得的学业成绩与其家庭的文化资本或其他类型的资本是对应的。家庭文化资本较多的孩子，更容易取得学业的成功。布迪厄还考察文化资本等对整个社会结构的影响，也得出了类似的结论。

康小明的研究证明，个体的资本禀赋对其需要后天培养的基本素养，比如学习能力、事业发展潜力等，有着非常重要的影响（康小明，2009：11）。同样，按照布迪厄的观点，媒介素养作为现代人需要后天培养的素养，也会受到个体资本禀赋的影响。

波特认为，媒介素养更高的个体，会有更清晰的思路，也更能认清现实世界和媒介所塑造的世界之间的边界。媒介素养较低的个体，看待媒介的视角比较窄，也很局限。这意味着他们的知识结构不够完整，并且缺乏组织能力（波特，2012：3）。麦克卢汉认为，媒介已经成为人们日常生活中传递信息的主要载体，对媒介信息的获取、辨识、解读和使用，成为现代社会人们必备的素养（麦克卢汉，2011：16）。

一些研究直接证明个体所拥有的经济资本和文化资本对媒介素养以及媒介使用能力的影响。段京肃（2004）的研究表明，不同社会阶层对媒介的控制和使用，有着显著的差别。吴婷婷（2007）发现，经济、文化和技术水平的差异，使得城市居民和农村居民在接触先进传播技术、媒介的使用方式、通过媒介获取信息的数量和质量方面，有很大的差异。从布迪厄的视角来看，以家庭收入为符号的经济资本对媒介素养有显著影响，以学历、专业能力，如从事本专业年限为符号的文化资本对媒介素养也有显著影响（李金城，2017：41）。

至于社会资本对媒介素养的影响，涉及的研究更多。社会建构理论认为，对于某一技术或创新，不同的社会群体有不同的理解。有研究发现，个体的社会资本，比如所接触的社交网络，对个体的媒介使用能力产生影响（周明侠，2004）；个体对手机的使用体现出他们在社会资本方面的差异（楚亚杰，2010）。在对德国 Facebook 用户的社会资本如何影响其社交媒体使用进行研究之后，萨拜因·特雷普特（Sabine Trepte）等人发现，用户通过社交媒体获得的社会资本越多，他们使用社交媒体的频率越高（张洪忠、官璐、朱蕗鋆，2015）。

根据社会资本的理论，经常用来衡量社会资本的指标包括社交网络规模、社交网络密度和社交网络同质性（Bourdieu，1986：241–258；边燕杰、李煜，2001；赵延东，2003）。

根据以上分析，本研究特提出以下假设：

H2：农技员的经济资本与媒介使用能力正相关；

H3a：农技员的学历与媒介使用能力正相关；

H3b：农技员从事农技工作年限与媒介使用能力正相关；

H4a：农技员社交网络规模与媒介使用能力正相关；

H4b：农技员社交网络同质性与媒介使用能力正相关；

H4c：农技员社交网络密度与媒介使用能力正相关。

（五）个体对信息需求的迫切程度对媒介使用能力的影响

研究个体需求对媒介使用能力的影响，是媒介研究的一个传统方向。贝尔森对报纸需求的研究，赫卓格对广播需求的研究，麦奎尔对电视需求的研究，都说明个体对信息需求的迫切程度对其媒介使用能力会产生显著影响。这里媒介使用包括媒介的接触频率和媒介使用类型（赵志立，2003）。

上述研究建立在使用与满足理论的基础上。可以推断，农技员对绿色农技信息需求程度的差异，将决定他们采用何种媒介使用方式，也将对农技员媒介使用能力产生影响。据此，本研究提出假设：

H5：农技员对绿色农技信息需求程度与媒介使用能力正相关。

张志安、沈菲（2012）的研究发现，来自不同地区的个体，在媒介使用能力方面有着显著不同。据此，本研究假设：

H6：农技员所属县农技推广绩效水平与媒介使用能力显著相关。

人口统计学变量中的"性别"等，也会对媒介使用能力产生影响，因此需要特别加以控制（李金城，2017：41）。

三 模型：多元线性回归模型的使用

（一）样本选取

湖北是我国农业科教大省，以其为研究对象具有较强的典型意义。2014年，湖北以占全国面积 3% 的耕地，生产了占全国 4.26% 的粮食、占全国 5.84% 的棉花、占全国 9.72% 的油料、占全国 5.05% 的肉类和占全国 6.72% 的水产品，粮食连续实现十多年的增长，多种农作物产量名列全国前茅。与此同时，湖北境内国家级、省级涉农高校、农业科研院所密集。湖北农业的发展，在全国有较强的示范效应，是中国农业发展的一个典型缩影。本研究采用多层整群抽样法，以 2013 年湖北各县（市、区）（以下简称县）农业技术推广绩效为依据，将全省 105 个县按照高、中、低划为三个层次。然后，在这三个层次中各随机抽取 4 个县一共 12 个县，包括 200 多个乡镇，作为研究样本。2015 年，在湖北省农业厅（2018 年 11 月改组为湖北省农业农村厅）科教处以及各县的配合下，研究人员向这 200 多个乡镇的农技推广机构发放了 1300 份调查问卷，回收有效问卷 951 份，问卷回收有效率为 73%。本研究中，显著性的阈值设定为三档：$p < 0.05$；$p < 0.01$；$p < 0.001$。

（二）关键变量的设置

1. 因变量

本研究重点考察农技员媒介使用能力，采用媒介使用能力指数作为媒介使用能力的测量值。

卡茨、布卢姆勒、古列维奇等认为，不同媒介具有不同的功能。卡茨和拉扎斯菲尔德（2016：19）的研究发现，通过不同的信息传播渠道，也就是不同的媒介类型会产生不一样的劝服效果。施拉姆（2010：202）、彭兰（2013）等人证实，随着新媒介不断涌现，媒介的使用门槛在提高，很多媒介个体需要学习其使用方法后才能熟练使用，个体媒介使用能力存在显著差异。2010年，美国Pew研究中心在一份题为《至少拥有四种媒介：新的受众人口统计类型》的报告中进一步提出，年轻人拥有社交媒体的数量对其媒介使用能力有很好的预测作用（沈菲等，2014）。

根据上述观点可以推断，在互联网时代，一个人熟练使用的媒介类型越多，其媒介使用能力越强。

因此，本研究将农技员在农技推广中所使用的媒介类型的总数作为衡量其媒介使用能力强弱的代表性指数。值得一提的是，彭和朱（Peng & Zhu，2011）提出的互联网使用熟练度指数，与本研究的媒介使用能力指数比较接近。互联网使用熟练度指数的内涵是个体使用互联网媒体的类型越多，其互联网使用能力越强。

在测量媒介使用能力的题项设计上，本研究通过前期的调查发现报纸、广播、电视、手机短信、QQ、微博、微信等是农业技术推广中比较常用的媒介类型，因此，我们询问每个受访者使用过上述哪些媒介。然后，以每个受访者使用媒介类型多少，作为其媒介使用能力的测量指标。

2. 媒介接触强度自变量

为了测量农技员媒介接触强度，本研究设计了7个测量题项，包括日均电视收看时长、日均广播收听时长、社交媒体日均使用时长、每周阅读报纸频率、每周阅读杂志频率、社交媒体使用年限以及电子设备占有情况。其中，对每周阅读报纸频率、每周阅读杂志频率的测量，采用8级李克特量表，序号0~7分别为几乎不看、每周1次、每周2次、每周3次、每周4次、每周5次、每周6次、每周7次。其余题项测量的均是连续数据。此外，日均电视收看时长、日均广播收听时长、社交媒体日均使用时长 3 个变量的数值均呈偏态分布，进行取对数处理。

3. 个人资本禀赋自变量

如前文所述，个人资本禀赋包括经济资本、文化资本和社会资本。

对农技员经济资本的测量，采用的题项是"个人月收入"，提供 7 个备选的答案，以序号 1～7 代表，分别为暂无收入、1～500 元、501～1000 元、1001～2000 元、2001～4000 元、4001～6000 元、6000 元以上。因为经济资本采用的是 7 级李克特量表，出于统计的方便，我们将答案的序号直接作为连续变量处理。农技员个人月收入分布状况见表 1。

表 1　农技员个人月收入分布状况

月收入	人数	百分比	有效百分比	累计百分比
暂无收入	2	0.2%	0.2%	0.2%
1～500 元	1	0.1%	0.1%	0.3%
501～1000 元	12	1.3%	1.3%	1.6%
1001～2000 元	251	26.4%	26.4%	28.0%
2001～4000 元	613	64.5%	64.5%	92.4%
4001～6000 元	66	6.9%	6.9%	99.4%
6000 元以上	6	0.6%	0.6%	100.0%
总计	951	100.0%	100.0%	

对农技员文化资本的测量，采用的第一个题项是"学历"，提供 3 个备选答案，以序号 1～3 代表，分别为高中及以下、大专、本科及以上。"学历"作为定序数据，在进入回归方程模型之前，进行虚拟变量处理。农技员学历分布状况见表 2。此外，还将"从事农技工作年限"作为文化资本的测量题项。

表 2　农技员学历分布状况

学历	人数	百分比
高中及以下	212	22.3%
大专	519	54.6%
本科及以上	220	23.1%
总计	951	100.0%

借鉴罗雅斯等（Rojas，et al.，2008）的思路以及量表，本研究将农技员社会资本的测量指标分为社交网络规模、社交网络密度以及社交网络同质性。

其中，对社交网络规模的测量设计了 3 个题项，分别询问农技员经常联系同事、邻居、朋友的数量，并采用加总的方法，将最终得分作为社交网络规模的测量值。

对社交网络密度的测量也设计了 3 个题项，分别是"你经常交流的朋友，他们之间都相互认识""你经常交流的朋友，他们之间也是朋友""你经常交流的朋友，他们之间也相互交流"。答案采用 5 级李克特量表，序号 1～5 分别代表非常不同意、不同意、中立、同意、非常同意。这 3 个题项的内部一致信度 α 值为 0.852，符合对量表的信度要求（吴明隆，2010：237）。因此，对这 3 个题项的测量值进行加总后再平均得到的最终数值，成为社交网络密度的测量值。

对社交网络同质性的测量设计了 5 个题项，分别是"你经常交流的朋友们和你年龄差不多""你经常交流的朋友们和你文化程度差不多""你经常交流的朋友们和你参加的社会活动差不多""你经常交流的朋友们和你经济水平差不多""你经常交流的朋友们和你价值观差不多"。答案采用 5 级李克特量表，序号 1～5 分别代表差得很远、有些差距、不好说、差距不大、基本相同。这 5 个题项的内部一致信度 α 值为 0.775，符合对量表的信度要求。因此，对这 5 个题项的测量值进行加总后再平均得到的最终数值，成为社交网络同质性的测量值。

4. 对绿色农技信息需求程度变量

对农技员自我感知对绿色农技信息需求程度变量的测量，本研究设计了 1 道多选题，题目是"在发展绿色农业方面，您觉得农民目前最缺乏哪些技术信息？"并提供了 6 个选项，分别是"与绿色农业相关政策法规信息"，"有机、绿色和无公害农产品市场信息"，"无公害农产品生产知识"，"绿色农药产品及供应信息"，"物理及生物防控技术"以及"农作物病虫害预警信息"。受访者选择越多，表明其对绿色农技信息的需求程度越高。

5. 人口统计学控制变量

本研究还设置了人口统计学控制变量，包括地域（所属县农技推广绩效水平，详见表3）、性别（详见表4）、年龄。

表 3　农技员所属县农技推广绩效水平分布状况

农技推广绩效水平	人数	百分比
低绩效县	274	28.8%
中绩效县	288	30.3%
高绩效县	389	40.9%
	951	100.0%

表 4　农技员性别分布状况

性别	人数	百分比
男	707	74.3%
女	244	25.7%
总计	951	100.0%

（三）统计模型

为了考察农技员媒介使用能力的影响因素，本研究以农技员媒介使用能力为因变量，以测量媒介接触强度的7个变量、测量个人资本禀赋的3个变量、测量对绿色农技信息需求程度的1个变量、人口统计学的3个控制变量为自变量，采用多元线性回归模型进行推断性统计。多元线性回归模型为：

$$y_i = \hat{y} + e_i = \alpha + b_1 x_{1i} + b_2 x_{2i} + b_3 x_{3i} + \cdots + b_m x_{mi} + e_i$$

其中，y_i 是个体因变量的实测值，e_i 为随机误差，α 为截距，b_m 为偏回归系数，表示在其他自变量不变的情况下，x_i 每改变一个单位，y_i 的平均变化量（张文彤、钟云飞，2013：142）。

四　发现：农技员媒介使用能力受到多种因素影响

（一）描述性统计结果

1. 农技推广中媒介使用状况

统计显示，在农技推广过程中，农技员使用最多的媒介是手机短信，有 74.0% 的农技员使用过；第二是 QQ，52.3% 的人使用过；第三是报纸，36.1% 的人使用过；第四是微信，33.2% 的人使用过；第五是电视，25.9% 的人使用过；第六是广播，16.5% 的人使用过；最后是微博，仅有 5.2% 的人使用过（详见表5）。手机短信在农技推广中所起到的作用令人瞩目。根据相容性原则，这也预示着同样以手机为载体的 QQ、微信等新型媒介推广工具的使用潜力巨大。

表5　农技员在农技推广中媒介使用状况

		人数	百分比
v27 多选题变量集 **	v27a * 报纸	343	36.1%
	v27b 广播	157	16.5%
	v27c 电视	246	25.9%
	v27d 手机短信	704	74.0%
	v27e QQ	498	52.3%
	v27f 微博	50	5.2%
	v27g 微信	316	33.2%

注：* 表示调查问卷中对应题项的编号，余同；** 表示值为 1 时制表的二分组。

2. 农技员媒介使用能力

以农技员在农技推广中媒介使用能力指数衡量农技员媒介使用能力，指数越高，说明其媒介使用能力越强。

统计显示，农技员媒介使用能力指数均值为 2.433，标准差为 1.352（见表6），呈钟形分布。从中可以发现，大多数农技员在农技推广中仅使用了 1~2 种媒介，加上没有使用过媒介的人数，接近样本的 60%（见表7）。这说明，从整体来看，农技员对媒介的掌握情况，或者媒介使用能力不够理想，还有较大的提升空间。

表6　农技员媒介使用能力指数数据描述

	极小值	极大值	均值	标准差
v27h 农技员媒介使用能力指数	0.00	7.00	2.4332	1.35161

注：人数 =951。

表 7　农技员媒介使用能力数据分布状况

	使用媒介种数	人数	百分比	有效百分比	累计百分比
有效	0	18	1.9%	1.9%	1.9%
	1	237	24.9%	24.9%	26.8%
	2	305	32.1%	32.1%	58.9%
	3	219	23.0%	23.0%	81.9%
	4	88	9.3%	9.3%	91.2%
	5	52	5.5%	5.5%	96.7%
	6	26	2.7%	2.7%	99.4%
	7	6	0.6%	0.6%	100.0%
	总计	951	100.0%	100.0%	

3. 农技员媒介接触强度状况

从农技员媒介接触强度状况来看，农技员社交媒体日均使用时长为2个小时，看电视1.8个小时，听广播0.2个小时；每周看报纸3.7次，看杂志2.7次；社交媒体（包括QQ、微信、微博等）使用年限平均为5.3年，家里平均有4个用于接收信息的电子设备（详见表8）。从中可以发现，在农技员的媒介接触强度上，网络媒体占据第一的位置，其次是电视，再次是报纸、杂志，广播的使用率不高。

表 8　农技员媒介接触强度数据描述

	极小值	极大值	均值	标准差
v6a 日均电视收看时长（小时）	0.00	10.00	1.7963	1.11219
v6b 日均广播收听时长（小时）	0.00	9.00	0.1894	0.54013
v6c 社交媒体日均使用时长（小时）	0.00	12.00	2.0460	1.63180
v7a 每周阅读报纸频率（次）	1.00	8.00	3.7329	2.13348
v7b 每周阅读杂志频率（次）	1.00	8.00	2.7340	1.61170
v8m 电子设备占有情况（个）	0.00	8.00	4.0095	1.31985
v12e 社交媒体使用年限（年）	0.00	16.00	5.3375	4.06353

注：人数=951。

4. 农技员资本禀赋状况

农技员个人资本禀赋状况呈现以下特点。

从经济资本来看（详见表1），农技员月收入集中在2001元到4000元，占总人数的64.5%；其次是1001元到2000元，占26.4%。整体而言，农技员的收入差距并不大。

从文化资本来看（详见表2），农技员队伍中，拥有大专学历的人数最多，占总人数的54.6%；其次是本科及以上学历，占总人数的23.1%；而高中及以下学历的人数占22.3%。这说明，农技员群体在农村地区是一个受教育程度较高的群体。

本研究也将农技员从事农技工作年限作为文化资本的一个测量指标。调查显示，农技员从事农技工作年限平均为20.2年（详见表9），结合农技员的年龄分布情况进行分析，说明现有的农技员队伍从事工作年限偏长，人员结构偏老龄化。

表9 农技员工作年限数据描述

	极小值	极大值	均值	标准差
v42 从事农技工作年限（年）	0.00	43.00	20.1693	9.88743

注：人数=951。

再看社会资本状况（详见表10），农技员群体平均社交网络规模为52.9人，标准差为62.1，可见，不同农技员之间社交网络规模的差异比较大。农技员社交网络同质性和密度的均值分别为3.63和3.22，这两个数字都偏高，说明农技员社会交往的对象以有相同背景的人群如同事、邻居、朋友为主。

表10 农技员社会资本测量数据描述

	极小值	极大值	均值	标准差
v9d 社交网络规模（人）	0.00	900.00	52.8749	62.05375
v10i 社交网络同质性	1.00	5.00	3.6267	0.67378
v10j 社交网络密度	1.00	5.00	3.2236	0.70404

注：人数=951。

从表11可以看出，农技员对绿色农技信息需求程度的指数均值为4.2，极大值为6，说明农技员对绿色农业技术信息需求非常迫切。

表 11　农技员对绿色农技信息需求程度数据描述

	极小值	极大值	均值	标准差
v26g 对绿色农技信息需求程度	0.00	6.00	4.1504	1.51952

注：人数 = 951。

（二）推断性统计结果

对多元线性回归模型进行统计，结果显示，模型的 $p < 0.001$，显著有效。该模型对农技员媒介使用能力指数变化的解释力 R^2 为14%；模型共线性的检验结果显示，方差膨胀系数（VIF）均在合理范围之内，模型不存在严重共线性问题（详见表12到表14）。

表 12　模型摘要

模型	R	R^2	调整后的 R^2	标准估算的错误	更改统计量					Durbin-Watson
					R^2 变化	F 更改	$df1$	$df2$	显著性 F 更改	
1	.374	.140	.123	1.26568	.140	8.410	18	932	.000	1.675

表 13　模型检验

模型		平方和	自由度	均方	F	显著性
1	回归	242.500	18	13.472	8.410	.000
	残差	1493.010	932	1.602		
	总计	1735.510	950			

表 14　多元线性回归模型分析结果摘要

预测变量	未标准化系数	标准误	标准化系数	t	显著性	容许	VIF
（常量）	.165	.495		.333	.740		
日均电视收看时长	-.230	.107	-.070	-2.148	.032	.877	1.140
日均广播收听时长	.081	.152	.017	.533	.594	.939	1.065
社交媒体日均使用时长	.360	.093	.131	3.853	.000	.799	1.251
每周阅读报纸频率	-.006	.022	-.010	-.279	.781	.735	1.361
每周阅读杂志频率	.070	.029	.084	2.380	.018	.749	1.334

续表

预测变量	未标准化系数	标准误	标准化系数	t	显著性	容许	VIF
电子设备占有情况	.129	.032	.126	3.973	.000	.923	1.083
社交媒体使用年限	.027	.011	.082	2.510	.012	.873	1.146
社交网络规模	.160	.054	.095	2.965	.003	.899	1.113
社交网络同质性	.067	.064	.034	1.047	.295	.900	1.111
社交网络密度	.067	.060	.035	1.116	.265	.933	1.072
高绩效县对比中绩效县	.021	.114	.007	.187	.852	.616	1.624
高绩效县对比低绩效县	.378	.106	.138	3.557	.000	.617	1.620
性别	-.037	.100	-.012	-.374	.709	.882	1.134
高中及以下学历对比大专学历	.096	.106	.035	.912	.362	.610	1.640
高中及以下学历对比本科及以上学历	.339	.132	.106	2.563	.011	.541	1.849
从事农技工作年限	.013	.005	.095	2.765	.006	.774	1.293
对绿色农技信息需求程度	.129	.027	.144	4.705	.000	.981	1.019
个人月收入	-.132	.069	-.062	-1.900	.058	.869	1.151

1. 媒介接触强度变量的预测效果

多元线性回归模型的推断性统计结果显示，在衡量媒介接触强度的7个变量中，农技员每周阅读杂志频率、社交媒体日均使用时长、电子设备占有情况、社交媒体使用年限4个自变量与媒介使用能力指数显著相关。

日均电视收看时长虽然也与农技员的媒介使用能力显著相关，却是负相关。对农技员而言，电视的功能主要是休闲和消磨时间，所以其看电视时间越长，越不利于农技员在工作中掌握更多的媒介工具，也无法提升他们使用媒介工具的能力。

每周阅读报纸频率、日均广播收听时长不能有效地预测农技员媒介使用能力指数的变化。其中，每周阅读报纸频率不能预测媒介使用能力，主要是因为报纸在农村的普及率并不高，无法成为农技推广的固定渠道。而对广播而言，自从电视普及之后，其在农村的占有率就急剧下降。并且，在农村私家车的保有量不高，所以车载广播普及率不高。

再看看那些能够预测媒介使用能力的媒介接触强度变量，比如每周阅读杂志频率。爱看杂志的人，更愿意深度思考，擅长进行逻辑分析。陈刚等人（2015：201）的研究也显示，学历越高的人，其月平均阅读的杂志越多，花费时间也越长。卡茨、拉扎斯菲尔德（2016：297）发现，意见领袖比追随者更喜欢阅读杂志。农技员在农业创新扩散中就是意见领袖。

社交媒体日均使用时长和电子设备占有情况对农技员媒介使用能力有预测作用，是因为与电视、报纸、广播等相比，社交媒体和电子设备的使用，要求个体的主动性更强。主动性强的人，往往更有创新性，更愿意利用媒介来改善自己的工作和生活条件。

2. 个体资本禀赋变量的预测效果

多元线性回归模型分析结果显示，在衡量农技员资本禀赋的自变量中，代表农技员文化资本的学历和从事农技工作年限两个自变量以及代表农技员社会资本的社会网络规模自变量，与媒介使用能力指数显著相关。

而代表农技员经济资本的个人月收入，代表社会资本另外两个维度的社交网络密度、社交网络同质性这3个自变量，不能有效预测农技员媒介使用能力指数的变化。

本研究在假设阶段选定多元线性回归模型中的变量，都得到以往研究成果的支撑，是能够影响农技员媒介使用能力的。但是，具体到实证阶段，我们发现有些变量的预测作用不显著。

以社交网络密度和社交网络同质性这两个变量为例，因为农技员是一个高度同质化的群体，人际交往的范围比较小，交往的对象往往具有相同的背景。所以，社交网络同质性、社交网络密度和个人月收入等变量在农技员群体内部差异很小，不能成为农技员群体的区分指标。

而那些受农技工作影响较小的自变量，如社交网络规模、学历等能够有效预测农技员的媒介使用能力。这是因为，社交网络规模与个人性格有关，而个人的学历是大部分农技员在参加工作之前就已经定型了的，并非农技推广工作能够彻底改变的。所以，这些变量在农技员群体中差异非常明显，预测效果也会很好。

3. 对绿色农技信息需求程度变量的预测效果

推断性统计结果显示，农技员对绿色农技信息需求程度变量可以很好地预测农技员媒介使用能力。换言之，农技员对绿色农技信息需求越迫切，他们的媒介使用能力指数得分越高。这两个变量并不一定是因果关系，但是它们之间显著的相关性可以得到解释。迫切需要绿色农业技术信息的人，往往工作比较主动，更有进取心，更有创新性，愿意去尝试新的事物，因而，他们对各种媒介尤其是新媒介的接触强度以及使用能力，都会优于他人。

4. 地域变量的预测效果

推断性统计结果还显示，农技员所属县农技推广绩效水平对其媒介使用能力指数有显著的预测作用。在模型中，地域变量被设置为两个虚拟变量——高绩效县与中绩效县的比较、高绩效县与低绩效县的比较，统计结果显示，在高绩效县与低绩效县的比较中，农技员媒介使用能力差异显著。

假设检验的结果汇总见表15。

表 15　假设检验的结果汇总

序号	假设内容	是否证实
H1a	农技员每周阅读报纸频率与媒介使用能力正相关	否
H1b	农技员每周阅读杂志频率与媒介使用能力正相关	是
H1c	农技员日均电视收看时长与媒介使用能力正相关	否
H1d	农技员日均广播收听时长与媒介使用能力正相关	否
H1e	农技员社交媒体日均使用时长与媒介使用能力正相关	是
H1f	农技员社交媒体使用年限与媒介使用能力正相关	是
H1g	农技员电子设备占有情况与媒介使用能力正相关	是
H2	农技员的经济资本与媒介使用能力正相关	否
H3a	农技员的学历与媒介使用能力正相关	是
H3b	农技员从事农技工作年限与媒介使用能力正相关	是
H4a	农技员社交网络规模与媒介使用能力正相关	是
H4b	农技员社交网络同质性与媒介使用能力正相关	否
H4c	农技员社交网络密度与媒介使用能力正相关	否
H5	农技员对绿色农技信息需求程度与媒介使用能力正相关	是
H6	农技员所属县农技推广绩效水平与媒介使用能力显著相关	是

五　总结：提升农技员媒介使用能力需要有的放矢

至此，本研究已经回答了前文提出的三个问题：在农业创新扩散中，农技员最常用的或最看重的媒介有哪些？农技员媒介使用能力整体现状如何？影响到农技员媒介使用能力提升的因素有哪些？在以上研究中，有很多值得深入探讨的地方。

（一）媒介使用能力的内涵在不断演变

本研究显示，农技员最常使用的农技推广媒介是手机短信，其次是QQ，第三是报纸，第四是微信，其后依次是电视、广播、微博。这一研究结果，且不说与罗杰斯时代相比，就是与十年前相比，也有显著的差异。2008年，农村技术推广最主要的媒介是电视、手机、图书、杂志、报纸、广播、网络（郭琴等，2008）；2002年，手机、网络在湖北农村还是稀罕物，农技传播的主要媒介是电视、报纸、广播（郭剑霞，2002）。

正如张志安、沈菲（2012）所说，在新媒介的传播生态下，农村地区媒介的使用结构正在不断发生变化，这意味着农技员媒介使用能力也在发生变化。如何能够不断地获取最新媒介带来的技术红利，获得更好的农技推广效果，是今后的研究可以关注的。

与此同时，从手机短信在农业技术推广中所占的重要地位可以推测，同样以手机为载体的QQ、微信等，在农业技术推广中前景可观。毕竟，现在手机短信的大部分功能已被社交媒体取代，而且社交媒体比手机短信有更好的使用体验。在本研究中，如果将QQ、微信和微博看作一个整体，都归于社交媒体的话，那么社交媒体的重要性已经超过手机短信。

（二）农技员媒介使用能力提升的空间很大

农技员的媒介使用能力普遍较弱，这说明传统农业技术推广方式的影响比较大，农技员缺乏利用先进的社交媒体作为农业技术推广工具的自觉性，需要对其加大引导力度。

（三）提高农技员媒介使用能力对农技员履职意义重大

本研究让我们对农技员的媒介使用能力有了进一步的认识。多元线性回归模型的分析结果显示，农技员所属县农技推广绩效水平，显著影响农技员的媒介使用能力。高绩效县农技员的媒介使用能力与低绩效县农技员的媒介使用能力之间有显著的差异。一方面，农技员对媒介工具的熟练掌握，提高了农技推广的效率；另一方面，农技推广绩效高的县更注重改善农技员的个人资本禀赋，包括提供更好的待遇、开展更多的培训，所以农技员的媒介使用能力更强。总而言之，作为农业创新扩散领域的意见领袖，农技员应该具有较强的媒介使用能力，这将有助于提升农业推广绩效，这也与卡茨、拉扎斯菲尔德（2016：295）等人所持的观点一致。

（四）对绿色农技信息需求程度高可以促进农技员媒介使用能力的提升

在前文中，本研究依据前人的研究成果提出一些可能影响媒介使用能力的自变量，经过实证研究，我们发现个人月收入、社交网络同质性、社交网络密度、每周阅读报纸频率、日均广播收听时长这些自变量对其影响并不显著。这可以通过分析农技员群体自身的特点得到解释。值得一提的是，本研究发现，在影响农技员媒介使用能力的因素中，对绿色农技信息需求程度这一变量的影响最为显著。这符合使用与满足理论中"需求可以刺激相关的行动"的观点。这也说明，可以通过提升福利待遇等举措，强化农技员的责任心，继而促使他们自觉地提升媒介使用能力。

（五）提升农技员媒介使用能力需要有的放矢

本研究的分析结果显示，农技员的个人资本禀赋特别是文化资本，包括学历以及从事农技工作年限，都对提升他们的媒介使用能力有帮助。这再次验证了加强农技员培训的重要性。

农技员对互联网的接触强度越大，越能提升其媒介使用能力。与传统媒体不同，农技员一旦掌握了互联网媒体，特别是社交媒体的使用方法，就将拥有更大的自主权，这将提高农技员将社交媒体应用在农技推广工作中的兴趣。所以，在农技员能力提升培训中，应加强对农技员互联网以及社交媒体使用方法的培训。

（六）理论贡献与研究不足

在众多的农业创新扩散研究中，本研究独树一帜，率先把关注点放在提升农技员媒介使用能力上，并有所贡献。本研究不仅证实了媒介使用能力的重要性，分析了影响媒介使用能力的主要因素，并总结出媒介使用能力处在动态变化之中的观点。这些发现为接下来更好地研究创新扩散领域的演变规律提供了新的方向。

本研究的实践意义在于从一个新的角度探讨了提升农技员职业素养的路径，在日益变化的媒介生态环境中，应大力加强对农技员媒介使用能力的培训，以便大幅提高农技推广的效率。

本研究不足之处，首先在于没有对不同类型媒介在创新扩散中具体扮演的角色以及其演变规律深入研究；其次，在对媒介使用能力的测量方面，虽然找到了关键指标即农技员熟练使用媒介种类的多少，但略显单薄。这些可以作为下一步研究的方向。

（本文由吴志远与余思婕合作撰写）

参考文献

奥利弗·博伊德－巴雷特、克里斯·纽博尔德编，2004，《媒介研究的进路：经典文献读本》，汪凯、刘晓红译，北京：新华出版社。

保罗·F. 拉扎斯菲尔德、伯纳德·贝雷尔森、黑兹尔·高德特，2012，《人民的选择：选民如何在总统选战中做决定（第三版）》，唐茜译，北京：中国人民大学出版社。

本杰明·M. 康佩恩、道格拉斯·戈梅里，2006，《谁拥有媒体？大众传媒业的竞争与集中》，詹正茂、张小梅、胡燕等译，北京：中国人民大学出版社。

边燕杰、李煜，2001，《中国城市家庭的社会网络资本》，《清华社会学评论》第 2 期。

蔡楚泓，2012，《近年来农民媒介接触与使用情况调查研究综述》，《今传媒》第 5 期。

查尔斯·斯特林，2014，《媒介即生活》，王家全等译，北京：中国人民大学出版社。

陈刚、张卉、陈经超、郭嘉，2015，《中国乡村调查——农村居民媒体接触与消费行为研究》，北京：高等教育出版社。

陈莹，2013，《农村受众对大众媒介的接触与使用行为研究》，《东北师大学报（哲学社会科学版）》第 6 期。

楚亚杰，2010，《社会交往与手机使用：上海受众手机使用的实证研究》，《新闻大学》第 2 期。

董成双、邢祥虎、薛寿鹏、栾涛，2006，《农业科技传播》，北京：中国传媒大学出版社。

董金权、洪亚红，2017，《爱与痛的边缘：青少年使用社会化媒体调查研究》，北京：光明日报出版社。

段京肃，2004，《社会的阶层分化与媒介的控制权和使用权》，《厦门大学学报（哲学社会科学版）》第 1 期。

段京肃、杜骏飞，2007，《媒介素养导论》，福州：福建人民出版社。

傅海，2011，《中国农民对大众媒介的接触、评价和期待》，《新闻与传播研究》第 6 期。

格兰·斯帕克斯，2004，《媒介效果研究概论》，北京：北京大学出版社。

郭剑霞，2002，《实现新型农业科技推广方式：大众媒体传播的出路与对策——湖北省
　　监利县南脯乡河湾村个案调查的结论与思考》，《农业科技管理》第 3 期。

郭琴、黄慕雄、彭柳、师卫娟，2008，《贫困山区传播媒介现状调查与分析——以广东
　　省清新县为例》，《当代传播》第 6 期。

江根源，2012，《媒介建构观：区别于媒介工具观的传播认识论》，《当代传播》第 3 期。

蒋建科、谭英、陈宏，2005，《论媒体传播对农业科技推广的影响》，《西北农林科技大
　　学学报（社会科学版）》第 3 期。

康小明，2009，《人力资本、社会资本与职业发展成就》，北京：北京大学出版社。

匡文波，2014，《中国微信发展的量化研究》，《国际新闻界》第 5 期。

李红艳，2014，《乡村传播学（第二版）》，北京：北京大学出版社。

李金城，2017，《媒介素养的测量及影响因素研究》，上海：上海交通大学出版社。

李苓、李红涛，2005，《媒介素养：考察农民与媒体关系的一种视野》，《新闻界》第 3 期。

廖圣清、黄文森、易红发、申琦，2015，《媒介的碎片化使用：媒介使用概念与测量的
　　再思考》，《新闻大学》第 6 期。

刘继忠、牛新权、刘玉花，2006，《农业新闻传播》，北京：中国传媒大学出版社。

刘鸣筝、陈雪薇，2017，《基于使用、评价和分析能力的我国公众媒介素养现状》，《现
　　代传播（中国传媒大学学报）》第 7 期。

路鹏程、骆昊、王敏晨、付三军，2007，《我国中部城乡青少年媒介素养比较研究——
　　以湖北省武汉市、红安县两地为例》，《新闻与传播研究》第 3 期。

罗杰斯，2016，《创新的扩散（第五版）》，唐兴通、郑常青、张延臣译，北京：电子工
　　业出版社。

马歇尔·麦克卢汉，2011，《理解媒介：论人的延伸》，何道宽译，南京：凤凰出版传媒
　　集团、译林出版社。

尼古拉·尼葛洛庞帝，2017，《数字化生存》，胡泳、范海燕译，北京：电子工业出
　　版社。

潘忠党，1996，《传播媒介与文化：社会科学与人文科学研究的三个模式（下）》，《现
　　代传播（中国传媒大学学报）》第 5 期。

彭兰，2013，《社会化媒体时代的三种媒介素养及其关系》，《上海师范大学学报（哲学
　　社会科学版）》第 5 期。

彭月萍，2009，《从媒介使用能力考察农村受众媒介素养——以江西中部吉安为例》，

《井冈山大学学报（社会科学版）》第 4 期。

沈菲、陆晔、王天娇、张志安，2014，《新媒介环境下的中国受众分类：基于 2010 全国受众调查的实证研究》，《新闻大学》第 3 期。

史蒂文·凯尔士，2014，《媒体与青少年》，王福兴等译，北京：中国出版集团、世界图书出版公司。

威尔伯·施拉姆、威廉·波特，2010，《传播学概论（第二版）》，何道宽译，北京：中国人民大学出版社。

吴明隆，2010，《问卷统计分析实务——SPSS 操作与应用》，重庆：重庆大学出版社。

吴婷婷，2007，《"弱势群体"与大众的知识鸿沟》，《东南传播》第 12 期。

肖鲁仁，2017，《农业技术创新扩散的媒介传播效果分析》，《湖南社会科学》第 4 期。

伊莱休·卡茨、保罗·F. 拉扎斯菲尔德，2016，《人际影响：个人在大众传播中的作用》，张宁译，北京：中国人民大学出版社。

于爱华、刘爱军，2017，《"移动互联网＋"农技推广模式研究文献综述》，《黑龙江农业科学》第 3 期。

约翰·费斯克，1995，《传播符号学理论》，张锦华等译，台北：远流出版事业股份有限公司。

詹姆斯·波特，2012，《媒介素养（第四版）》，李德刚等译，北京：清华大学出版社。

张洪忠、官璐、朱蕗鋆，2015，《社交媒体的社会资本研究模式分析》，《现代传播（中国传媒大学学报）》第 11 期。

张竞文，2013，《从接纳到再传播：网络社交媒体下创新扩散理论的继承与发展》，《新闻春秋》第 2 期。

张文彤、钟云飞编著，2013，《IBM SPSS 数据分析与挖掘实战案例精粹》，北京：清华大学出版社。

张志安、沈菲，2012，《中国受众媒介使用的地区差异比较》，《新闻大学》第 6 期。

赵延东，2003，《人力资本、再就业与劳动力市场建设》，《中国人口科学》第 5 期。

赵志立，2003，《网络传播条件下的"使用与满足"——一种新的受众观》，《当代传播》第 11 期。

郑素侠，2010，《农民工媒介素养现状调查与分析——基于河南省郑州市的调查》，《现代传播（中国传媒大学学报）》第 10 期。

中国互联网络信息中心，2019，《第 43 次中国互联网络发展状况统计报告》，登录时间：2019 年 5 月 4 日，http://www.cac.gov.cn/2019zt/cnnic43/index.htm。

周明侠，2004，《互联网扩散的社会建构分析——以在学生中扩散为例》，《求索》第 12 期。

朱伟珏，2005，《"资本"的一种非经济学解读——布迪厄"文化资本"概念》，《社会科学》第 6 期。

祝建华、何舟，2002，《互联网在中国的扩散现状与前景：2000 年京、穗、港比较研究》，《新闻大学》第 2 期。

Bourdieu, P. 1986. "The Forms of Capital." In Richardson, J. G. (Eds.), *Handbook of Theory and Research for Sociology of Education*. New York: Greenwood Press.

Peng, T. Q. & Zhu, J. J. 2011. "Sophistication of Internet Usage (SIU) and Its Attitudinal Antecedents: An Empirical Study in Hong Kong." *Computers in Human Behavior* 27 (1): 421–431.

Rojas C., et al. 2008. "Rabbit Nipple-search Pheromone Versus Rabbit Mammary Pheromone." In Jane Hurst, Robert J. Beynon, S. Craig Roberts, and Tristram Wyatt (Eds.), *Chemical Signals in Vertebrates 11*. Berlin: Springer, New York: NY Press.

社交媒体使用对农技员意见领袖特征的影响研究

作为农业创新扩散中的意见领袖，农技员的地位非常重要。一名出色的农技员应具备有较广的影响范围、较强的专业知识及媒介使用能力、较强的说服能力等意见领袖特征。社交媒体的应用，能否有助于增强农技员的意见领袖特征？通过问卷调查湖北200多个乡镇951名农技员，并利用多元线性回归模型进行分析，本研究发现，利用社交媒体与同事以及农民沟通的业缘联系强度能有效预测农技员意见领袖特征，社交媒体上信息获取行为、业务交流行为与农技员影响范围显著正相关。本研究得出结论，充分发挥社交媒体的沟通优势，促进农技员之间、农技员与服务对象农民的交流，加强农技推广领域相关人士之间的联系，创建更多的线上农技交流网络，有助于更好地发掘群体智慧，提升先进农业技术的推广效率。

一　意义：农技推广成功需要农技员成为意见领袖

现代农业的发展离不开农民对先进农业技术的使用。一方面，现代农业技术可以帮助农民提高劳动生产效率、在有限的耕地上生产出更多的农产品；另一方面，绿色农业技术的使用可以保证农产品质量安全，为市场提供更多优质的农产品。所以，最近十多年来，每年的中央一号文件都反复提及先进农业技术对于乡村振兴、精准扶贫的重要性（高广智，2019）。

日本学者神谷庆治、东田精一（1964）认为，农民有两个特点：一是"小利大安"，也就是安全第一，然后才是追求小的利益；二是等待观望。农业技术在农村地区的推广是一个新观念、新思想逐步社会化的过程（罗杰斯，2016：150），需要意见领袖也就是那些处在人际关系网中心、能够频繁影响他人的态度和公开行为的人（罗杰斯，2016：28－29）充当农业科技创新与实际应用之间的桥梁，才有可能促使农民放弃以往的观念，理解和接受创新事务。

在中国现有的农业体制下，农技员充当着农业变革代理者的角色，他们受国家和各级政府的委托，在农村地区从事农技推广的公益性活动。近些年，由于社会环境的变化，一度在农村地区非常稳定的农技员队伍出现了"线断网破"的情况（刘振伟、李飞、张桃林，2013：3），并出现人员老龄化、青黄不接的情况，严重制约了农业技术的创新扩散。

这一现状已经引起各级政府的重视。如何稳定农技员队伍，提升其整体素质，为乡村振兴建设保驾护航，已经被提上各级政府尤其是农业农村主管部门的重要议事日程。

本研究着重从媒介环境变化的视角审视互联网尤其是社交媒体的普及，对农技员意见领袖特征的影响。

通过文献综述，本研究归纳出意见领袖应具备有较广的影响范围、较强的专业知识及媒介使用能力、较强的说服能力这三个基本特征，并在此基础上，深入考察社交媒体使用对农技员意见领袖特征综合指数以及上述三个不同维度基本特征的影响。

本研究同样注意到人口统计学变量和大众媒介使用变量在预测农技员意见领袖特征综合指数变化中的作用。

根据上述发现，本文最后从社交媒体使用的角度，对如何提升农技员的意见领袖特征综合指数提出合理的建议。

二　理论：创新扩散、变革代理与意见领袖

（一）创新扩散与意见领袖

1. 创新扩散既是"特殊的传播"也是"社会营销"

罗杰斯认为，创新扩散是新观点在特定的时间内，通过特定的渠道，在特定的社群中传播的过程。他特别强调，创新扩散是一种特殊类型的传播，其所包含的信息与新观点（如对先进农业技术的采纳）有关。创新扩散的目的是让参与者就该新观点达成一致，进而采取趋同的行为。在这一

过程中，需要参与者通过分享与新观点相关的信息，达到相互理解（罗杰斯，2016：7）。农业技术的扩散是技术逐步社会化的过程。

与此同时，在农业技术扩散实践中，一项先进农业技术是否能够取得显著的成效，与特定人群是否接受新观点、采取一致行动有关。日本农学家祖田修（2003：219）指出，农民经济行为比较容易受到社会的制约。从先进农业技术扩散的角度考虑，情况也非常复杂，农作物病虫害绿色防控技术的扩散就是这样。同一地域的农民，如果一部分按照农业部门要求采用农作物病虫害绿色防控技术，而另一部分依旧使用原来的高残留高毒性农药，那么病虫害防控效果将会大打折扣。农业新技术的扩散，往往需要动员整个地区的农民，统一防治方案，统一防治时间，统一施药标准喷药，才有可能起作用（莫进雄，2019：107）。因此，农业创新扩散所要解决的问题以及能够采取的手段，也是社会营销学研究的范畴（罗杰斯，2016：87）。

所谓社会营销，"就是一个运用市场营销原理和技巧来影响目标受众行为，确保造福社会和个人的过程"。"社会营销是实现社会创新的一种规划手段，是用来理解、创造、沟通和传播一种独特的、创造性地提升社会福利的方案的活动和过程"（李、科特勒，2018：9–11）。

2. 变革代理人与意见领袖

学者们认为，社会营销项目通常会涉及多层次的变革代理机构或多个变革代理人，这些变革代理机构或变革代理人需要以一种有意识的、协调的方式来扮演他们的角色。只有这样，才能确保社会营销取得预期的效果（李、科特勒，2018：28）。

所谓变革代理人，是指一种专业人士，他们试图朝他们认为有利的方向影响人们的决定。他们自身是意见领袖，也常常利用地方意见领袖来协助某项创新的扩散，或者阻止被视为有害的创新的采用（Severin and Tankard，2006：182）。换句话说，变革代理人需要掌握一定的说服技巧，才能完成他们的使命。

罗杰斯高度重视创新扩散中变革代理人的作用，在其出版的第五版也是最后一版《创新的扩散》里他用了整整一个章节来探讨变革代理人也就是创新推广人员的作用。他认为，在将创新思想引入客户系统的过程中，创新推广人员必须帮助客户发现改变的需求，建立信息交换的渠道，诊断问题，激发用户改变意愿，并将意愿转换为行动（罗杰斯，2016：393）。

通常，能够对他人进行说服或者施加影响的人被称为意见领袖（卡茨、拉扎斯菲尔德，2016：313）。罗杰斯认为，扩散项目的成败在很大程度上取决于意见领袖（罗杰斯，2016：100）。他甚至认为，意见领袖的行为是创新在社会体系中采用率高低的决定性因素（罗杰斯，2016：319）。

在罗杰斯看来，变革代理人或者创新推广人员有可能是意见领袖也有可能不是意见领袖，这取决于创新推广人员与所服务的对象之间是同质性还是异质性。如果是同质性，那么创新推广人员就有可能充当农业创新扩散的意见领袖；如果是异质性，那么创新推广人员就难以成为农民的意见领袖（罗杰斯，2016：325 - 328）。

不过，从中国农业技术推广实践来看，由于农业技术推广人员扎根基层，和农民工作生活在一起，与农民相互了解、相互熟悉，所以，国内研究人员大多认为农技员就是先进农业技术推广方面的意见领袖（李俏、李久维，2015；李南田、王磊、周伟强，2002；彭巧莲、王志霞，2006）。

3. 意见领袖及其特征

从上文可以得知，农业技术的创新推广需要创新推广人员成为意见领袖，或者具备一定的意见领袖特征，才有可能取得成效。

与"意见领袖"相关的、比较有影响的观点包括："意见领袖是在传播中扮演着关键角色的群体成员"（卡茨、拉扎斯菲尔德，2016：32）；"意见领袖在他们所处的人际网络中拦截、解释、扩散他们的所见所闻"（卡茨、拉扎斯菲尔德，2016：2）；"意见领袖广泛存在于各行各业之中，信息从广播和印刷媒介流向意见领袖，再从意见领袖传递给那些不太活跃的人。大多数人通过与其所属群体中的意见领袖的交往获取更多的信息和观点"（拉扎斯菲尔德等，2012：14）。

在国内学者的研究中，意见领袖被描述为"活跃在人际传播网络中，经常为他人提供信息、观点或建议并对他人施加个人影响的人物"（郭庆光，2011）。与意见领袖相近的概念是舆论领袖。舆论领袖是指群体中热衷于传播消息并表达意见的人，他们或者是比同伴更多地接触媒体或消息源的人，或者同时是某一方面的专家，他们的意见往往能左右周围的人（曾凡斌，

2006；余红，2010：36）。

那么，意见领袖具有哪些特征呢？

卡茨和拉扎斯菲尔德（2016：4）通过对伊利诺伊州迪凯特市的研究，总结出意见领袖的三个指标：在生命周期中的位置，这决定了个体专业知识的积累程度；在该地区的社会地位；合群性指数，主要用于衡量个体与其他人接触的频率。

马歇尔等的研究强调意见领袖应该有较强的社交能力（Marshall and Gitosudarmo，1995：5-22）。格里姆肖等将意见领袖的特征归纳为：有较发达的社交网络，在某些领域比较擅长，更容易接受和使用先进技术（Grimshaw，et al.，2006；王嘉，2014：8）。

赛佛林、坦卡德（Severin and Tankard，2006：176）总结了前人的研究成果，认为意见领袖有三个特征，能够将其与追随者区别开来：一是能力和知识；二是处在关键的社会位置；三是其价值观的人格化体现。他们认为，如果一个人与群体之外的人有较多的联系，并能给群体成员提供有益的信息和意见，这个人就非常适合做意见领袖。芬格和杜塔（Finger & Dutta，2016：271）将意见领袖的影响力总结为两点：一是网络大小，一个人联系的人越多，其影响力就越大；二是权威性，一个人在特定领域专业知识越丰富，其影响力就越大。

在所有关于意见领袖特征的描述中，博斯特等（Boster et al.，2011）的观点比较精辟。他们较好地归纳并吸收了其他研究人员的观点，将意见领袖的特征归纳为三个维度：人际连通性、说服力、专业知识。这意味着意见领袖必须有良好的社交能力，在发挥意见领袖作用时具有较强的专业知识，面对跟随者具有较强的说服能力。

本研究在 Boster 等人观点的基础上，从影响范围、专业知识及媒介使用能力、说服能力三个维度来衡量农技员意见领袖特征，并据此设计有关的测量题项。

4. 意见领袖的识别

识别意见领袖的主要方法有社会测量法、受访者评级法、自我报告法、观察法等。

社会测量法是询问受访者面对一项创新时会向谁寻求有关信息。受访者评级法是询问对体系中人际关系网络熟悉的主要受访者，从而确定该体系中的意见领袖。自我报告法是询问受访者认为体系中其他成员会怎样看待其影响力，这种方法非常依赖受访者能否准确判断和陈述自己的想法。观察法是由调查者确认和记录体系中的沟通行为（罗杰斯，2016：329）。

其中，自我报告法实施起来比较简便。除了罗杰斯之外，戈德史密斯、科里等均使用过自我报告法来识别市场营销领域的意见领袖。自我报告法通常是将设计好的问卷发给受访者，由他们根据自己的实际情况作答。意见领袖量表列出测量意见领袖心理素质的一组问题，通过计算总分或者平均分得出意见领袖特征综合指数。

本研究将采用自我报告法，不过在计算意见领袖特征综合指数时，会根据影响范围、专业知识及媒介使用能力、说服能力这三个维度的重要性，赋予各维度相应的权重，从而使得出的最终指数更具代表性。

（二）媒介与意见领袖

1. 大众媒介与意见领袖

"意见领袖"的概念，首先是由传播学鼻祖拉扎斯菲尔德等人提出来，从诞生之日起，"意见领袖"这个概念就和"媒介"的概念渊源颇深。"意见领袖"一词实际上是拉扎斯菲尔德等（Lazarsfeld and Menzel，1963）于1940年在美国俄亥俄州依利县调查大众媒介对政治选举的影响时发现的"副产品"。

对于大众媒介和意见领袖之间的关系，学者们进行了较多的论述，也得出不少结论，"二级传播模型"就是其中之一。"二级传播模型"揭示，信息不一定是通过大众传播直接流向一般受众，而是先经过意见领袖这个环节，再由意见领袖传达给相对被动的一般受众（拉扎斯菲尔德等，2012：8）。有学者进一步总结，大众媒介与人际传播的结合，是传播新观念和说服人们采用创新方法最有效的途径（Severin and Tankard，2006：183）。这些研究成果在商品营销和社会营销中得到广泛的应用。

早期的研究大多揭示了这样一个规律，即意见领袖会比普通人更多地接触大众媒介，并受到媒介的影响（卡茨、拉扎斯菲尔德，2016：293）。赛佛林、坦卡德（Severin，Tankard，2006：177）归纳早期的研究后认为，意见领袖比其追随者更多地接触与其影响范围相关的媒介，例如，有影响力的医生往往会阅读大量的专业期刊。意见领袖的作用是通过一切合适的媒介将本群体与社会环境相关部分连接起来。还有学者研究发现，不同类型的媒介对意见领袖的影响不一样，如意见领袖更倾向于阅读报纸，而不是收看电视和收听广播（Troldahl，1965；Schenk，1997：5）。

一些反对"意见领袖"概念的人倾向于认为意见领袖不过是媒介直接效果的另一种体现。媒介的力量在于它将缓慢地变成长期的影响（卡茨、拉扎斯菲尔德，2016：2），这有力地佐证了媒介与意见领袖之间的关系是密不可分的。

从这些研究可以看出，大众媒介如报纸、电视、广播、杂志等的使用对意见领袖产生显著影响。

2. 社交媒体的比较优势

上述关于意见领袖与媒介关系的研究发生在社交媒体出现之前。相当多的研究表明，在传统媒介环境下，大众媒介对意见领袖有重要影响。

那么，随着功能更强大的社交媒体出现，它们又会给意见领袖及其特征带来什么样的影响呢？显然，无论从谁的研究来看，社交媒体相对于大众媒介都是对以往所有媒介的颠覆式创新。

关于社交媒体，不少研究人员从自己的需要出发，对其作用和功能进行了各种描述，包括"社交媒体是增强我们与他人分享、协作，进行集体行动的能力，是在所有传统制度与组织机构框架之外的工具"（Shirky，2008：20；福克斯，2018：35）；"在社交网络，用户与网站交互的可能性成倍增加。它让外行更容易发表和分享文本、图片和声音。一种新的关于信息发布的拓扑结构已经出现，基于'真正'的社交网络，随意性连接和规则系统的连接都增强了"（Terranova and Donovan，2013：297）。

一些研究者特别指出社交媒体和大众媒介之间的差异，如"社交媒体工具以配置文件、接触互动为特点，模糊了人际传播与可以将信息发给任何人的广播模式之间的差别"（Meikle and Young，2012：61；福克斯，2018：37）；社交媒体"证明了人际传播（一对一共享）与大众媒介之间的融合"（Meikle and Young，2012：68）；"有一大批从未接触过广播媒体工作的人，现在每天都在使用社交媒体。他们在这个过程中，对社交媒体进行策略性的自觉使用"（Baym and Boyd，2012：321）。

这些发现揭露了一个事实，即社交媒体不仅继承了大众媒介的优势，而且比大众媒介有更多以前不可想象的优势。

莱茵戈德（2013：159）总结了社交媒体相对于大众媒介的优势，包括：开放性，所有人都可以参与，可以关注任何其他人；即时性；多样性；互惠性，人们可以免费索取并提供信息，是通向多重公共空间的渠道；非对称性，关注他人的人不需要被关注；等等。

匡文波（2014：9）将社交媒体的优势归纳为 7 个方面：社交媒体更新速度快，而且更新成本低，可以做到同步传播和异步传播的统一；社交媒体能够共享全球信息资源，没有任何一种大众媒介能够与之相比；社交媒体能够突破地域限制，没有疆界，而且跨国传播成本几乎为零；与传统传播方式相比，社交媒体检索十分方便；社交媒体集合了文字、声音、图片、动画、视频等各种文本形式；社交媒体可以通过超文本链接的方式拓展平台内容；互动性是社交媒体区别于传统媒体的一个根本特征，因此其开启了双向沟通模式，这给我们带来的社会营销等领域的价值是不可估量的。

李、科特勒（2018：406）从社会营销的角度将社交媒体工具的优势总结为：增强沟通的及时性；可以利用目标受众的网络；扩展视野；个性化；增加合作机会；影响期望行为。

因此，可以推测，如果社交媒体这些突出的优势能够被农技员利用，将比大众媒介更有效地体现农技员意见领袖特征。

（三）社交媒体的使用及其测量

前面的论述推测出社交媒体使用在对农技员意见领袖特征的影响方面可以比大众媒介发挥更大的优势，接下来要关注的是，社交媒体是如何被使用的。

学者们根据自己的需要对社交媒体使用行为进行研究。芬格和杜塔（Finger & Dutta，2016：271）认为，参与度是考察社交媒体使用行为的一个重要指标。一个人与其所在网络沟通的频繁程度决定了其在网络中的影响力。在社交媒体时代，个体参与的重要性日益加剧。莱茵戈德指出，交互式、数字化和网络化的媒体形式正在支撑起获取知识的新途径和独一无二的新学习文化（莱茵戈德，2013：126）。

当然，利用社交媒体与谁交流也非常重要。一个人利用社交媒体与亲友、同行、陌生人联系，其最终的结果是不一样的，因此，本研究将深入考察农技员利用社交媒体以不同的频率联系不同的对象——同行、亲友以及陌生人——会对其意见领袖特征产生怎样的影响。

考察社交媒体使用行为，第三个要关注的是使用社交媒体的动机。麦奎尔、布卢姆勒和布朗（McQuail，Blumler and Brown，1972）将媒介使用动机归纳为逃离日常问题、获得友谊、增加自我价值以及帮助自己完成某种任务这四种类型。一些研究探讨了推特的使用动机，将其分为两种类型：社交动机和信息动机。社交动机包括玩得开心、娱乐休闲、看朋友们忙什么、消磨时间、自我表达、和朋友或家庭保持联系、更快捷地与多人沟通。信息动机包括获取信息、提供或得到建议、学习有趣的东西、认识新朋友、分享信息等（Johnson and Yang，2009；谢尔顿，2018：30）。

斯莫克等人的研究发现，个体在 Facebook 上的信息推送和分享行为与其专业能力显著相关。他们认为，社交媒体使用动机包括休闲娱乐动机、表达性信息的分享动机以及社会交往动机（Smock，et al.，2011；谢尔顿，2018：30）。

国内学者在研究社交媒体使用动机时，往往从询问受访对象社交媒体具体使用行为入手，比如，韦路、陈稳（2015：114）设计了 16 个选项来测量受访对象的使用行为，继而推测受访者的使用动机。这些选项包括转发、发布和评论信息，分享视频、图片、音乐，浏览他人主页或者微博，对某一新闻事件或话题进行搜寻或者与他人进行讨论，关注好友动态，与好友互动，结识新的朋友，发起或参加线上活动等。

考察媒介使用行为，最重要的支撑理论是使用与满足理论。该理论强调受众以及他们选择特定媒介时所发挥的积极作用（谢尔顿，2018：28）。在早期的研究中，卡茨、布卢姆勒、古列维奇等也强调，人们会选择特定媒介来满足需求（Katz，et al.，1973：509－623；谢尔顿，2018：28）。

考察社交媒体使用行为的第四个重要维度是时间维度，包括两个方面：一个是社交媒体日均使用时长，另一个是社交媒体使用年限。社交媒体日均使用时长测量的是使用者对社交媒体的使用强度（韦路、陈稳，2015：

114）。而对社交媒体使用年限的关注，是基于罗杰斯创新扩散的相关理论。罗杰斯认为，个体对创新采用时间的早晚，是测量一个人创新属性的重要指标（罗杰斯，2016：139）。显然，放弃或者减少对传统媒介工具的使用，改用社交媒体，就是个体对创新的接受和采纳行为。

据此，本研究需要研究的四个问题分别是：社交媒体使用是否与农技员意见领袖特征综合指数显著相关？社交媒体使用是否与农技员影响范围显著相关？社交媒体使用是否与农技员专业知识及媒介使用能力（简称专业技能）显著相关？社交媒体使用是否与农技员说服能力显著相关？

上述问题细化为以下假设：

H1：社交媒体使用与农技员意见领袖特征综合指数显著正相关。

H1a：社交媒体使用年限与农技员意见领袖特征综合指数显著正相关。

H1b：社交媒体日均使用时长与农技员意见领袖特征综合指数显著正相关。

H1c：社交媒体使用动机与农技员意见领袖特征综合指数显著正相关。

H1d：社交媒体联系频率与农技员意见领袖特征综合指数显著正相关。

H2：社交媒体使用与农技员影响范围显著正相关。

H2a：社交媒体使用年限与农技员影响范围显著正相关。

H2b：社交媒体日均使用时长与农技员影响范围显著正相关。

H2c：社交媒体使用动机与农技员影响范围显著正相关。

H2d：社交媒体联系频率与农技员影响范围显著正相关。

H3：社交媒体使用与农技员专业技能显著正相关。

H3a：社交媒体使用年限与农技员专业技能显著正相关。

H3b：社交媒体日均使用时长与农技员专业技能显著正相关。

H3c：社交媒体使用动机与农技员专业技能显著正相关。

H3d：社交媒体联系频率与农技员专业技能显著正相关。

H4：社交媒体使用与农技员说服能力显著正相关。

H4a：社交媒体使用年限与农技员说服能力显著正相关。

H4b：社交媒体日均使用时长与农技员说服能力显著正相关。

H4c：社交媒体使用动机与农技员说服能力显著正相关。

H4d：社交媒体联系频率与农技员说服能力显著正相关。

三 模型：因子分析与多元线性回归模型

（一）样本的采集

在样本选取上，2015年，课题组与湖北省农业厅（2018年11月改组为湖北省农业农村厅）合作，获得该省2013年105个涉农县（市、区）（以下简称县）农业技术推广绩效考核的数据，并将其划分为高绩效县、中绩效县、低绩效县。

经过前期预调研，课题组对设计好的问卷进行进一步修改。在此基础上，于2015年下半年在3个不同绩效层次的县中，各随机抽取4个县一共12个县作为本研究的样本。接下来，对12个县200多个乡镇农技站的农技员进行整群抽样。课题组累计发放问卷1300份，最终回收980份，去掉29份无效问卷，最终得到951份有效问卷，有效率为73%。

（二）模型的建构

本研究以农技员的意见领袖特征综合指数以及意见领袖特征的3个维度，即影响范围、专业知识及媒介使用能力、说服能力（Boster, et al., 2011）为因变量，在控制人口统计学变量、大众媒介使用变量的基础上，重点考察社交媒体使用变量以及因使用社交媒体而带来的"社会资本"变量对因变量的影响（见图1）。

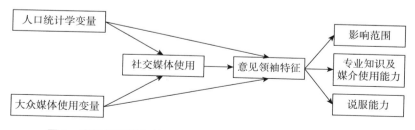

图1 农技员意见领袖特征综合指数以及各维度指数预测模型

1. 因变量

因变量包括农技员意见领袖特征综合指数以及意见领袖特征的 3 个维度：影响范围、专业知识及媒介使用能力、说服能力。

根据 Boster 等设计的意见领袖特征框架，同时参考多位研究人员对意见领袖特征的测量题项，本研究采用 6 个题项来测量农技员的意见领袖特征。其中，用"社交媒体上经常联系的同行数量""社交媒体上经常联系的农民数量"两个题项来测量农技员的影响范围；用"你熟悉下列哪几种农技知识"和"你用过以下哪些媒介来推广农业技术"两个题项来测量农技员的专业知识及媒介使用能力；用"你认为农技员在先进农技推广中的重要作用"和"你推广一项农业技术所要花费的时间"两个题项来测量农技员的说服能力。

对上述 6 个题项进行验证性因子分析，KMO 统计量为 0.566，说明 6 个题项都包含与农技员意见领袖特征综合指数相关的共同因素（吴明隆，2010：217）；Bartlett 球形检验结果 $p = 0.000$，小于 0.05，也证明 6 个题项中有共同因素存在，适合进行因素分析，可以提取公因子。6 个题项的 $\alpha = 0.7$，内部一致信度符合有关要求。

对 6 个题项进行探索性因子分析，并采取最大方差法对公因子进行旋转，得出如表 1 所示成分矩阵。

表 1 农技员意见领袖特征旋转成分矩阵

	公因子 1：影响范围	公因子 2：专业知识及媒介使用能力	公因子 3：说服能力
社交媒体上经常联系的同行数量	.788		
社交媒体上经常联系的农民数量	.754		
你熟悉下列哪几种农技知识		.828	
你用过以下哪些媒介来推广农业技术	.408	.571	
你认为农技员在先进农技推广中的重要作用		.243	.736
你推广一项农业技术所要花费的时间	.115	− .250	.697

通过因子分析可以发现，所有题项均加载于预期的因子上，且因子载

荷均高于交叉载荷，说明量表的聚合效度和区分效度较好（Chin，1998；杜智涛、徐敬宏，2018：27）。

根据表1，将公因子1影响范围设为F1，将公因子2专业知识及媒介使用能力设为F2，将公因子3说服能力设为F3，对这3个公因子数据分布状况进行描述，见表2。

表2　3个公因子数据分布状况

	极小值	极大值	均值	标准差
影响范围（F1）	−1.34562	9.668	.032	1.000
专业知识及媒介使用能力（F2）	−3.57992	2.665	.032	1.000
说服能力（F3）	−3.29304	3.467	.032	1.000
意见领袖特征综合指数（F）	−1.56000	3.790	.019	.582

注：人数＝951。

通过因子分析可以发现，3个公因子共携带了59.4%的原始信息量，见表3。

表3　农技员意见领袖特征解释总变异量

单位：%

成分	初始特征值			提取平方和载入			旋转平方和载入		
	合计	方差解释度	累计解释度	合计	方差解释度	累计解释度	合计	方差解释度	累计解释度
1	1.484	24.725	24.725	1.484	24.725	24.725	1.382	23.040	23.040
2	1.049	17.489	42.214	1.049	17.489	42.214	1.137	18.950	41.990
3	1.031	17.183	59.397	1.031	17.183	59.397	1.044	17.408	59.398
4	.952	15.861	75.258						
5	.805	13.411	88.669						
6	.680	11.331	100.000						

注：提取方法为主成分分析。

上述3个公因子分别从不同方面反映了农技员意见领袖特征的综合水平，单独使用其中某个公因子很难全面做出综合评价。因此，本研究以各公因子所对应的方差解释度为权重，计算出农技员意见领袖特征的综合得分（张文彤、董伟，2018：253）。计算公式为：

$$F = （F1 \times 23.040\% + F2 \times 18.950\% + F3 \times 17.408\%）/59.398$$

2. 关键自变量：社交媒体使用变量

本研究从 4 个维度对社交媒体使用进行测量，包括社交媒体使用年限、社交媒体日均使用时长、社交媒体使用动机、社交媒体联系频率。

对社交媒体使用动机的测量，本研究采用现有的关于社交媒体使用的成熟量表，并结合实际情况设置了 8 个题项，分别是：使用社交媒体看朋友消息的频率、看朋友圈的频率、看新闻的频率、群聊的频率、转发新闻的频率、转发消息的频率、发布农技信息的频率、看农技信息的频率。农技员用 7 级李克特量表作答，用 1~7 表示，"1"表示"从不使用"，"7"表示"一天多次使用"，频率逐渐增加。对 8 个题项进行探索性因子分析，KMO 值为 86.7%，适合提取公因子，Bartlett 球形检验也具有统计学意义。在利用最大方差法进行因子旋转后，最终提取 3 个公因子，分别命名为"信息获取"（$\alpha = 0.88$）、"信息分享"（$\alpha = 0.87$）、"业务交流"（$\alpha = 0.72$），保存 3 个公因子的值，进入回归方程模型（详见表 4），总量表 $\alpha = 0.91$，累计解释度为 81.6%（详见表 5），内部一致信度较好。

表 4　农技员社交媒体使用动机旋转成分矩阵

	公因子 1：信息获取	公因子 2：信息分享	公因子 3：业务交流
v18d 看朋友消息的频率	.839	.270	.274
v18h 看朋友圈的频率	.831	.354	.137
v18b 看新闻的频率	.778	.147	.469
v18i 群聊的频率	.578	.570	
v18l 转发新闻的频率	.175	.848	.279
v18k 转发消息的频率	.334	.821	.232
v18j 发布农技信息的频率	.115	.448	.772
v18c 看农技信息的频率	.557		.735

表 5　农技员社交媒体使用动机解释总变异量

单位:%

成分	初始特征值			提取平方和载入			旋转平方和载入		
	合计	方差解释度	累计解释度	合计	方差解释度	累计解释度	合计	方差解释度	累计解释度
1	4.865	60.815	60.815	4.865	60.815	60.815	2.801	35.007	35.007
2	.953	11.913	72.728	.953	11.913	72.728	2.147	26.838	61.845
3	.711	8.893	81.621	.711	8.893	81.621	1.582	19.776	81.621
4	.549	6.856	88.477						
5	.338	4.227	92.704						
6	.213	2.665	95.370						
7	.193	2.412	97.782						
8	.177	2.218	100.000						

注:提取方法为主成分分析。

据此,将之前的部分假设进一步具体化为:

H1c1:社交媒体上信息获取行为与农技员意见领袖特征综合指数显著正相关。

H1c2:社交媒体上信息分享行为与农技员意见领袖特征综合指数显著正相关。

H1c3:社交媒体上业务交流行为与农技员意见领袖特征综合指数显著正相关。

H2c1:社交媒体上信息获取行为与农技员影响范围显著正相关。

H2c2:社交媒体上信息分享行为与农技员影响范围显著正相关。

H2c3:社交媒体上业务交流行为与农技员影响范围显著正相关。

H3c1:社交媒体上信息获取行为与农技员专业技能显著正相关。

H3c2:社交媒体上信息分享行为与农技员专业技能显著正相关。

H3c3:社交媒体上业务交流行为与农技员专业技能显著正相关。

H4c1:社交媒体上信息获取行为与农技员说服能力显著正相关。

H4c2:社交媒体上信息分享行为与农技员说服能力显著正相关。

H4c3:社交媒体上业务交流行为与农技员说服能力显著正相关。

对社交媒体联系频率的测量，本研究根据现有的成熟量表设置了 12 个题项，分别是询问受访者使用社交媒体与家人、本地亲戚、外地亲戚、本地朋友、外地朋友、领导、同事、同学、农民、普通认识的人、网友、陌生人联系的频率怎样。农技员用 5 级李克特量表作答，用 1 ~ 5 分别表示完全不用、偶尔用、有时用、经常用、天天用。

结合因子分析题项的实际情况，本研究对题项进行筛选，最终保留 9 个（见表 6）。对 9 个题项进行探索性因子分析，KMO 值为 85.9%，适合提取公因子，Bartlett 球形检验具有统计学意义。在利用最大方差法进行因子旋转后，最终提取 3 个公因子，分别命名为"亲缘联系"（α = 0.87）、"业缘联系"（α = 0.80）、"陌生联系"（α = 0.73），保存 3 个公因子的值，进入回归方程模型。总量表 α = 0.87，累计解释度为 74.2%，详见表 7。

表 6 农技员社交媒体联系频率旋转成分矩阵

	公因子 1：亲缘联系	公因子 2：业缘联系	公因子 3：陌生联系
v20b 联系本地亲戚的频率	.862	.307	.144
v20c 联系外地亲戚的频率	.843	.196	.217
v20a 联系家人的频率	.777	.414	.013
v20g 联系同事的频率	.281	.833	.079
v20h 联系同学的频率	.261	.821	.115
v20i 联系农民的频率	.310	.670	.240
v20l 联系陌生人的频率	.063	-.078	.854
v20k 联系网友的频率	.084	.256	.795
v20j 联系普通认识的人的频率	.307	.395	.644

表 7 农技员社交媒体联系频率解释总变异量

单位：%

成分	初始特征值			提取平方和载入			旋转平方和载入		
	合计	方差解释度	累计解释度	合计	方差解释度	累计解释度	合计	方差解释度	累计解释度
1	4.414	49.045	49.045	4.414	49.045	49.045	2.405	26.723	26.723
2	1.432	15.906	64.952	1.432	15.906	64.952	2.348	26.090	52.813

成分	初始特征值			提取平方和载入			旋转平方和载入		
	合计	方差解释度	累计解释度	合计	方差解释度	累计解释度	合计	方差解释度	累计解释度
3	.829	9.209	74.161	.829	9.209	74.161	1.921	21.348	74.161
4	.567	6.304	80.465						
5	.459	5.102	85.567						
6	.425	4.717	90.284						
7	.353	3.921	94.206						
8	.306	3.396	97.601						
9	.216	2.399	100.000						

据此，将之前的部分假设进一步具体化为：

H1d1：社交媒体上业缘联系强度与农技员意见领袖特征综合指数显著正相关。

H1d2：社交媒体上亲缘联系强度与农技员意见领袖特征综合指数显著负相关。

H1d3：社交媒体上陌生联系强度与农技员意见领袖特征综合指数显著正相关。

H2d1：社交媒体上业缘联系强度与农技员影响范围显著正相关。

H2d2：社交媒体上亲缘联系强度与农技员影响范围显著负相关。

H2d3：社交媒体上陌生联系强度与农技员影响范围显著正相关。

H3d1：社交媒体上业缘联系强度与农技员专业技能显著正相关。

H3d2：社交媒体上亲缘联系强度与农技员专业技能显著负相关。

H3d3：社交媒体上陌生联系强度与农技员专业技能显著正相关。

H4d1：社交媒体上业缘联系强度与农技员说服能力显著正相关。

H4d2：社交媒体上亲缘联系强度与农技员说服能力显著负相关。

H4d3：社交媒体上陌生联系强度与农技员说服能力显著正相关。

3. 控制变量：大众媒介使用变量

为了考察大众媒介使用对模型造成的影响，本研究特将日均电视收看时长、日均广播收听时长、每周阅读报纸频率、每周阅读杂志频率、电子设备占有情况 5 个变量也纳入模型，其数据分布状况见表 8。

表 8　大众媒介使用变量数据分布状况

	极小值	极大值	均值	标准差	偏斜度		峰度	
日均电视收看时长	.00	10.00	1.7963	1.11219	1.258	.079	5.885	.158
日均广播收听时长	.00	9.00	.1894	.54013	6.782	.079	82.299	.158
每周阅读报纸频率	1.00	8.00	3.7329	2.13348	.501	.079	-.741	.158
每周阅读杂志频率	1.00	8.00	2.7340	1.61170	1.132	.079	1.278	.158
电子设备占有情况	.00	8.00	4.0095	1.31985	.335	.079	.072	.158

注：人数＝951。

从表 8 可以看出，日均电视收看时长、日均广播收听时长等变量呈现严重的右偏态分布。因此，将它们进行取对数处理之后，再进入回归方程模型。

4. 控制变量：人口统计学变量

为了分析人口统计学变量对模型造成的影响，本研究特将性别、年龄、学历、月收入、家中人口规模、从事农技工作年限 6 个变量纳入模型，其数据分布状况见表 9。

表 9　6 个人口统计学变量数据分布状况

变量	数据描述
性别	男 707 人；女 244 人
学历	高中及以下学历 212 人；大专学历 519 人；本科及以上学历 220 人
月收入	月收入 2000 元及以下 266 人，2001～4000 元 613 人，4001 元以上 72 人
年龄	极小值 20 岁，极大值 68 岁，均值 43.7 岁，标准差 8.4 岁
家中人口规模	极小值 2 人，极大值 10 人，均值 3.8 人，标准差 1.1 人
从事农技工作年限	极小值 0，极大值 43 年，均值 20.2 年，标准差 9.9 年

四　发现：社交媒体使用有助于农技员成为意见领袖

为了验证社交媒体使用变量与意见领袖特征综合指数之间的关系，本研究设计了 3 个多元线性回归模型：模型 1 考察人口统计学变量与意见领袖特征综合指数之间的关系；模型 2 考察人口统计学变量、大众媒介使用变量与意见领袖特征综合指数之间的关系；模型 3 在控制人口统计学变量、大众媒介使用变量的前提下，考察社交媒介使用变量与意见领袖特征综合指数之间的关系。

共线性检测显示，除了哑变量农技员月收入之外，其他自变量的容忍度指标（TOL）均大于 0.10，方差膨胀系数（VIF）小于 10，条件指标（CI）小于 30，特征值大于 0.01，自变量之间并不存在严重的共线性问题。

而在依据农技员月收入设置的两个哑变量中，月收入 2001～4000 元对比月收入 2000 元及以下，月收入 4001 元及以上对比月收入 2000 元及以下，均在统计学上不显著，鉴于此，对农技员月收入自变量做剔除处理。

表 10 呈现了模型 1、模型 2、模型 3 的统计结果，可以发现，从整体上看，3 个模型均呈现统计学上显著意义，都能够对因变量农技员意见领袖特征起到有效的预测作用。

在控制人口统计学变量和大众媒介使用变量之后，社交媒体使用变量对农技员意见领袖特征的作用非常显著。比较 3 个模型可以看出，模型 3 的解释力为 11.6%，模型 2 的解释力为 6.9%，模型 1 的解释力仅为 4.2%，模型 3 的解释力约为模型 2 的 2 倍、模型 1 的 3 倍。这充分说明，社交媒体使用对农技员的意见领袖特征有显著的预测作用。

从社交媒体使用变量来看，利用社交媒体进行业缘联系的强度越大，其对意见领袖特征的作用越明显。而从表 6 可以看出，在业缘联系维度，农技员利用社交媒体联系同事、同学、农民的频率越高，其在农技推广领域就越具备意见领袖特征。

模型 3 也显示，农技员利用社交媒体进行亲缘联系的强度与其意见领袖特征呈显著负相关，这说明，部分农技员只是将社交媒体作为联系亲友的工具，还没有想到要在工作中使用社交媒体。

从模型 3 还可以看出大众媒介使用变量和人口统计学变量对农技员意见领袖特征的预测作用。在大众媒介使用变量中，农技员电子设备占有情况能够有效预测农技员的意见领袖特征。这与以往研究结果一致，意见领袖总是会通过各种渠道来了解更多的相关信息。在人口统计学变量中，学历和从事农技工作年限都对农技员的意见领袖特征有显著的预测作用。这符合实际情况，因为学历越高、从事农技工作年限越长的农技员经验越丰富，所以农民对其就越信任。经验丰富的农技员在影响范围、专业知识及媒介使用能力、说服能力等方面都要强于那些经验缺乏的农技员。

表 10　意见领袖特征综合指数预测模型

	变量	模型 1	模型 2	模型 3
人口统计学变量	性别	0.018	0.018	0.025
	年龄	− 0.075	− 0.072	− 0.022
	大专学历对比高中及以下学历	0.079	0.071	0.050
	本科及以上学历对比高中及以下学历	0.144 **	0.141 **	0.120 **
	月收入 2001～4000 元对比月收入 2000 元及以下	0.119	0.087	0.086
	月收入 4001 元及以上对比月收入 2000 元及以下	0.133	0.089	0.082
	家中人口规模	0.012	0.014	0.019
	从事农技工作年限	0.160 **	0.156 **	0.147 **
	中绩效县对比低绩效县	− 0.045	− 0.046	− 0.040
	高绩效县对比低绩效县	0.075	0.069	0.073
大众媒介使用变量	日均电视收看时长		− 0.014	− 0.022
	日均广播收听时长		− 0.009	− 0.008
	每周阅读报纸频率		− 0.029	− 0.031
	每周阅读杂志频率		0.041	0.016
	电子设备占有情况		0.162 ***	0.116 ***
社交媒体使用变量	社交媒体使用年限（创新性）			0.005
	社交媒体日均使用时长			0.027
	信息获取行为（动机）			0.030
	信息分享行为（动机）			0.044
	业务交流行为（动机）			0.035
	亲缘联系强度（线上）			− 0.141 ***
	业缘联系强度（线上）			0.247 ***
	陌生联系强度（线上）			0.017
	F	4.147	4.622	5.307
	R^2	4.2% ***	6.9% ***	11.6% ***

注：** $p < 0.01$，*** $p < 0.001$。

　　表11用模型4、模型5、模型6分别考察意见领袖特征的3个维度——影响范围（模型4）、专业知识及媒介使用能力（模型5）、说服能力（模型6）的预测变量情况。

　　模型4到模型6同样采用多元线性回归模型，预测变量的选择也与农技员意见领袖特征综合指数的预测模型一致。3个因变量的取值分别来自此前对测量意见领袖特征的6个题项进行因子分析时3个公因子的得分。

　　从表11可以发现，该预测模型对影响范围的预测效果最明显，解释力达到16.4%，并且通过显著性验证；其次是专业知识及媒介使用能力，解释力为4.2%，也通过了显著性验证；预测效果最差的是说服能力，解释力仅有2.6%，而且没有通过显著性验证。

　　从模型4可以发现，在社交媒体使用变量中，对影响范围有预测作用的自变量包括信息获取行为（动机）、业务交流行为（动机）以及业缘联系强度（线上），这3个自变量的作用都通过了显著性检验。亲缘联系强度对因变量农技员的影响范围有显著的反向预测作用，这与模型3一致。在大众媒介使用变量中，农技员电子设备占有情况对影响范围有显著的预测作用。不过，农技员对电视、广播、报纸、杂志等大众媒介的使用，对影响范围的预测作用不明显。在人口统计学变量中，本科及以上学历对比高中及以下学历差异显著，说明学历的高低可以预测农技员影响范围的大小。农技推广高绩效县对比低绩效县差异显著，这也说明，在重视农技推广工作的县的农业发展过程中，农技员发挥了很好的先进技术引领作用。

　　从模型5可以发现，对专业知识及媒介使用能力有显著影响的预测变量包括社交媒体使用变量中的业缘联系强度（线上）、大众媒介使用变量中的电子设备占有情况以及人口统计学变量中的从事农技工作年限，这与模型3基本吻合。这说明，随着工作经验的增加，农技员的专业知识及媒介使用能力在增加和提高。对于那些重视拓宽信息渠道的农技员而言，他们的专业知识及媒介使用能力，随着他们拥有电子设备的增加而增加和提高。与此同时，掌握专业知识较多的农技员也非常注重与同行、同学以及服务对象农民的交流。

　　从模型6可以发现，对说服能力而言，本模型的预测作用并不显著。这说明，农技员的说服能力受到本研究中没有提到的更为强大的自变量的影响。

不过，本研究也发现，农技员利用社交媒体进行亲缘联系的强度可以反向预测农技员的说服能力。这与我们在真实世界的体验一致：那些与亲友联系特别紧密的人，往往不太愿意和陌生人打交道，这与因互联网的使用而越来越开放的社会环境有点格格不入，也影响到农技员的农技推广效果。而说服能力的提升，需要农技员掌握一定的人际交往技巧和传播技巧。但本模型中设定的预测变量如人口统计学变量、大众媒介使用变量和社交媒体使用变量均没有涉及该方面的内容。

表 11　意见领袖特征各维度因变量预测模型

	变量	模型 4 影响范围	模型 5 专业知识及媒介使用能力	模型 6 说服能力
人口统计学变量	性别	0.007	− 0.011	0.051
	年龄	0.083	− 0.084	− 0.063
	大专学历对比高中及以下学历	0.059	− 0.017	0.039
	本科及以上学历对比高中及以下学历	0.123 **	0.009	0.067
	月收入 2001 ~ 4000 元对比月收入 2000 元及以下	0.002	0.077	0.084
	月收入 4001 元及以上对比月收入 2000 元及以下	0.008	0.035	0.113
	家中人口规模	− 0.016	0.018	0.040
	从事农技工作年限	0.068	0.123 *	0.067
	中绩效县对比低绩效县	− 0.022	− 0.012	− 0.037
	高绩效县对比低绩效县	0.109 **	0.047	− 0.050
大众媒介使用变量	日均电视收看时长	− 0.018	− 0.007	− 0.012
	日均广播收听时长	0.004	− 0.007	− 0.015
	每周阅读报纸频率	− 0.065	0.008	0.017
	每周阅读杂志频率	0.031	− 0.024	0.017
	电子设备占有情况	0.090 **	0.138 ***	− 0.038

续表

变量		模型 4 影响范围	模型 5 专业知识 及媒介使用 能力	模型 6 说服能力
社交 媒体 使用 变量	社交媒体使用年限（创新性）	0.025	0.028	-0.054
	社交媒体日均使用时长	0.003	0.018	0.029
	信息获取行为（动机）	0.109**	-0.059	-0.020
	信息分享行为（动机）	0.062	0.024	-0.021
	业务交流行为（动机）	0.073*	-0.013	-0.014
	亲缘联系强度（线上）	-0.093*	-0.054	-0.098*
	业缘联系强度（线上）	0.273***	0.090*	0.031
	陌生联系强度（线上）	0.020	0.011	-0.005
F		7.917	1.763	1.074
R^2		16.4%***	4.2%*	2.6%

注：$^*p<0.05$，$^{**}p<0.01$，$^{***}p<0.001$。

综上所述，得到验证的假设包括：

H1d1：社交媒体上业缘联系强度与农技员意见领袖特征综合指数显著正相关。

H1d2：社交媒体上亲缘联系强度与农技员意见领袖特征综合指数显著负相关。

H2c1：社交媒体上信息获取行为与农技员影响范围显著正相关。

H2c3：社交媒体上业务交流行为与农技员影响范围显著正相关。

H2d1：社交媒体上业缘联系强度与农技员影响范围显著正相关。

H2d2：社交媒体上亲缘联系强度与农技员影响范围显著负相关。

H3d1：社交媒体上业缘联系强度与农技员专业技能显著正相关。

H4d2：社交媒体上亲缘联系强度与农技员说服能力显著负相关。

其他假设没有通过验证。

五　总结：农技员与他人交流越多，越能成为意见领袖

本研究在考察社交媒体使用对农技员意见领袖特征的影响之后，验证了最初的假设：社交媒体使用能够显著提升农技员意见领袖特征综合指数以及影响范围、专业知识及媒介使用能力这两个维度的指数。但是，社交媒体使用对说服能力的影响没有得到验证。

（一）业缘联系强度与意见领袖特征

很显然，农技员作为先进农业技术推广的代理人和农业创新扩散的推动者，其意见领袖特征至关重要。由于农村社会的特殊性，农民是否接受一项新技术会受到社会环境的影响，这意味着农技员需要做大量的沟通工作，而其工作能否取得最终的效果，跟农技员的意见领袖特征密切相关。

本研究进一步揭示了社交媒体使用是如何提升农技员意见领袖特征的。研究发现，在农技员的社交媒体使用行为中，有三种行为对意见领袖特征有显著影响，其中最重要的是农技员利用社交媒体进行业缘联系。从本研究的设计方案可以知道，这种业缘联系包括与同事、同学以及农民的联系。

研究结果显示，业缘联系强度越大，农技员的意见领袖特征就越明显；农技员的意见领袖特征越明显，意味着农技员在先进农业技术推广中能够发挥的作用越大。

（二）业缘联系强度与群体智慧

这个重要发现与我们对于社交媒体的期待是吻合的。

莱茵戈德（2013：225）在《网络素养：数字公民、集体智慧和联网的力量》一书中认为，社交媒体最大的优势是让人们组成网络。"通过社交媒体，人们热情洋溢地传播个人和公共信息，发出来自心底的声音，向社区智慧贡献力量，交友结伴，宣传文化遗产和引领时代发展"。"社交网络不遗余力地创造并分享知识，加深个体的经验积累，为亲友、同事提供帮助"，"我们从社交媒体海量的链接中发现规律，从社会关系网络的复杂结构中挖掘真相"（Hansen, Schneiderman, and Smith, 2011）。更为重要的是，网络中隐藏着集体智慧。

"集体智慧"，通俗地说，就是个体不太可能知道所有的东西，每个人

只知道一点，集体中任意个体可以通过即问即答的方式与他人分享知识。理解需要交流、辩论或讨论，亲身体验，而网络则可以为促进理解提供良好的环境（Jenkins，2006；莱茵戈德，2013：178）。

本研究发现，业缘联系强度能够提升农技员个体的意见领袖特征，使其在农业技术推广中发挥更大的作用，这是因为社交媒体让那些具有创新性的农技员更方便地通过网络利用集体的智慧来解决农技推广中所遇到的各种问题。

在农村实地调研过程中，本研究发现，那些被公认为优秀的农技员，往往拥有比其他人更多的与农技推广相关的微信群或者QQ群。他们通过微信或者QQ与同行、同事以及农民交流的频率也比其他人高。这进一步佐证了社交媒体使用、业缘联系强度与群体智慧之间的关系。

（三）农技推广的"好工具"

在农技员意见领袖特征各维度的预测模型中，多元线性回归模型分析的结果还显示，社交媒体的使用动机，比如利用社交媒体获取信息和进行业务交流，虽然对农技员意见领袖特征综合指数的影响不明显，但是对构成该指数的重要维度影响范围却有显著的影响。而构成影响范围的两个题项分别是利用社交媒体联系同行和农民的数量。

这说明，那些影响力较大的农技员更倾向于将社交媒体作为农技推广的工具，去搜集先进农业技术及相关知识，并向同行和服务对象农民发布这些信息。显然，这两种动机以及相关行为是维护其影响力的重要支撑点。

（四）建议及反思

根据上述分析，有关部门应倡导农技员之间以及农技员和服务对象农民之间，利用方便快捷的社交媒体创建更多的线上农技交流网络，有助于更好地发掘群体智慧，提升先进农业技术的推广效率。此外，还可以通过培训，有意识地引导农技员利用社交媒体获取和分享农业技术知识。这些措施将有助于提升农技员的意见领袖特征，从而最终提升农业技术推广效果。

当然，本研究在社交媒体使用能增强意见领袖说服能力方面没有找到确凿的证据，有待下一步深入探讨。

（本文由吴志远与赵梓露合作撰写）

参考文献

保罗·F. 拉扎斯菲尔德、伯纳德·贝雷尔森、黑兹尔·高德特，2012，《人民的选择：选民如何在总统选战中做决定（第三版）》，唐茜译，北京：中国人民大学出版社。

杜智涛、徐敬宏，2018，《从需求到体验：用户在线知识付费行为的影响因素》，《新闻与传播研究》第 10 期。

高广智，2019，《十六年来"三农"政策发展研究——基于 2004 年以来中央一号文件的内容分析》，《农村经济与科技》第 7 期。

郭庆光，2011，《传播学教程（第二版）》，北京：中国人民大学出版社。

霍华德·莱茵戈德，2013，《网络素养：数字公民、集体智慧和联网的力量》，张子凌、老卡译，北京：电子工业出版社。

克里斯蒂安·福克斯，2018，《社交媒体批判导言》，赵文丹译，北京：中国传媒大学出版社。

匡文波，2014，《中国微信发展的量化研究》，《国际新闻界》第 5 期。

李南田、王磊、周伟强，2002，《意见领袖和农业技术传播》，《农业科技管理》第 6 期。

李俏、李久维，2015，《农村意见领袖参与农技推广机制创新研究》，《中国科技论坛》第 6 期。

刘振伟、李飞、张桃林主编，2013，《农业技术推广法导读》，北京：中国农业出版社。

罗杰斯，2016，《创新的扩散（第五版）》，唐兴通、郑常青、张延臣译，北京：电子工业出版社。

Lutz Finger、Soumitra Dutta，2016，《社交媒体大数据分析》，杨旸译，北京：中国工信出版集团、人民邮电出版社。

莫进雄，2019，《水稻病虫害专业化统防统治与绿色防控技术融合示范推广》，《农业与技术》第 8 期。

南希·R. 李、菲利普·科特勒，2018，《社会营销：如何改变目标人群的行为（第 5 版）》，俞利军译，上海：格致出版社、上海人民出版社。

帕维卡·谢尔顿，2018，《社交媒体原理与应用》，张振维译，上海：复旦大学出版社。

彭巧莲、王志霞，2006，《积极发挥农村"意见领袖"的作用》，《新闻前哨》第 12 期。

神谷庆治、东田精一，1964，《现代日本的农业与农民》，东京：岩波书店。

王嘉，2014：《网络意见领袖研究——基于思想政治教育视域》，北京：中国文史出版社。

韦路、陈稳，2015，《城市新移民社交媒体使用与主观幸福感研究》，《国际新闻界》第 1 期。

Werner J. Severin、James W. Tankard, Jr.，2006，《传播理论：起源、方法与应用（第 5 版）》，郭镇之等译，北京：中国传媒大学出版社。

吴明隆，2010，《问卷统计分析实务——SPSS 操作与应用》，重庆：重庆大学出版社。

伊莱休·卡茨、保罗·F. 拉扎斯菲尔德，2016，《人际影响：个人在大众传播中的作用》，张宁译，北京：中国人民大学出版社。

余红，2010，《网络时政论坛舆论领袖研究——以强国社区"中日论坛"为例》，武汉：华中科技大学出版社。

曾凡斌，2006，《重大突发事件中的 BBS 舆论特点与管理初探——对人民网"强国论坛"的个案观察》，《出版发行研究》第 4 期。

张文彤、董伟编著，2018，《SPSS 统计分析高级教程（第 3 版）》，北京：高等教育出版社。

祖田修，2003，《农学原论》，张玉林等译，北京：中国人民大学出版社。

Baym，N.，and Boyd，D. 2012. "Socially Mediated Publicness：An Introduction." *Journal of Broadcasting & Electronic Media* 56（3）：320 – 329.

Boster，F. J.，Kotowski，M. R.，Andrews，K. R.，and Serota，K. 2011. "Identifying Influence：Development and Validation of the Connectivity, Persuasiveness, and Maven Scales." *Journal of Communication* 61（1）：178 – 196.

Chin，W. W. 1998. "The Partial Least Squares Approach to Structural Equation Modeling." *Modern Methods for Business Research* 295：295 – 336.

Grimshaw，J. M.，Eccles，M. P.，Greener，J.，Maclennan，G.，and Sullivan，F. 2006. "Is the Involvement of Opinion Leaders in the Implementation of Research Findings a Feasible Strategy?" *Implementation Science* 1：3.

Hansen，D. L.，Schneiderman，B.，and Smith，M. A. 2011. "Analyzing Social Media Networks with NodeXL：Insights from a Connected World." Burlington，Ma：Morgan Kaufmann.

Jenkins，H. 2006. "Collective Intelligence vs. the Wisdom of Crowds. Confessions of an Aca-Fan." November 27. http://www.henryjenkins.org/2006/11/collective_intelligence_vs_the.html.

Johnson，P. R.，and Yang，S. 2009. "Uses and Gratifications of Twitter：An Examination of User Motives and Satisfaction of Twitter Use." The Association for Education in Journalism and Mass Communication. Boston，MA.

Katz，E.，Gurevitch，M.，and Haas，H. 1973. "On the Use of the Mass Media for Important Things." *American Sociological Review* 38（2）：164 – 181.

Lazarsfeld, P. F. , Menzel, H. 1963. "Mass Media and Personal Influence. " In Schramm, W. (Eds.), *The Science of Human Communications*. New York: Basic Books.

Marshall, R. and Gitosudarmo, I. 1995. "Variation in the Characteristics of Opinion Leaders across Cultural Borders. " *Journal of International Consumer Marketing* 8 (1): 5 – 22.

McQuail, D. , Blumler, J. and Brown, J. 1972. "The Television Audience: A Revised Perspective. " In D. McQuail (Eds.), *Sociology of Mass Communications*. London: Penguin.

Meikle, G. and Young, S. 2012. *Media Convergence: Networked Digital Media in Everyday Life*. Basingstoke and New York: Palgrave Macmillan.

Schenk, R. Catherine. 1997. "Monetary Institutions in Newly Independent Countries: The Experience of Malaya, Ghana and Nigeria in the 1950s. " *Financial History Review* 4 (2): 181 – 198.

Shirky, C. 2008. *Here Comes Everybody: How Change Happens When People Come Together*. Penguin Books.

Smock, et al. 2011. "Facebook as a Toolkit: A Uses and Gratification Approach to Unbundling Feature Use. " *Computers in Human Behavior* 27 (6): 2322 – 2329.

Terranova, T. , and Donovan, J. 2013. "Occupy Social Networks: The Paradoxes of Using Corporate Social Media in Networked Movements. " In Lovink, G. , Rausch, M. (Eds.), *Unlike Us Reader: Social Media Monopolies and Their Alternatives*. Amsterdam: Institute of Network Cultures.

Troldahl. 1965. "Studies of Consumption of Mass Media Content. " *Journalism Quarterly* 42 (4): 596 – 606.

农产品产销

种植业

养殖业

曹一／画

曹一/画

第三部分

社交媒体对农技推广效果的影响

农技员在工作中采纳和使用社交媒体的影响因素研究

　　相对于传统媒体，社交媒体显而易见的优势使得各界对其在农业技术推广中可能发挥的作用充满期待。基层农业技术推广人员是否会在工作中采纳社交媒体作为推广工具？如果是，那么会在多大程度上使用它？这决定了农民在学习、理解和接受先进农业技术时，是否会享受到社交媒体带来的红利。本课题组调查了湖北200多个乡镇的近千名农技员，实地走访了20多家基层农业技术推广站。在较为成熟的互联网技术接受模型特别是DT-PB的指导下，课题组编制了相关问卷，寻找那些能够影响农技员采纳社交媒体作为农技推广工具的因素。课题组利用二元逻辑回归模型以及多元线性回归模型对数据进行分析，发现农技员的行为态度、主观规范、感知行为控制都影响着他们的接受行为。其中，影响力最大的是主观规范。这一结果提醒农业部门，在农村地区对农技员进行智能手机应用培训时，促使他们与同事、同行更多交往，比单纯向他们传授如何利用社交媒体获得先进农业技术知识更有效果。

一　意义：社交媒体使用与否事关农技员工作能力

　　移动互联网带来更便捷的交流、沟通、互动红利，能否真正惠及农民的生产和生活？社交媒体能否真正成为农民学习先进农业技术的利器？这些问题能否解决取决于一个前提，即作为我国农村地区农业先进技术推广代理人的基层农技员，能否在工作中尽可能地将社交媒体作为推广工具，以及会在多大程度上使用它。

　　这不是一个理所当然的问题，因为并不是所有的农技员都会自觉地在农技推广中使用社交媒体，就像在传播学界有人坚持不用微信一样，很多农技员对已经被社会公认的先进沟通工具敬而远之。对本研究所采集的样本数据进行分析可以发现，还有相当一部分农技员在农业技术推广过程中从来没有使用过社交媒体。某些学者研究发现，"大多数人上网是为了跟朋友在一起，而不是为了关注课业或者专业导向的学习"（詹金斯、伊藤瑞子、博伊德，2017：95）。很多农技员虽然已经使用了社交媒体，将其作为加强人际交往的工具，但将其用在农技推广过程中，就不一定了。

这促使我们关注：哪些因素会影响到农技员使用社交媒体推广农业技术，尤其是在前几年上级主管部门还没有鼓励和推动农技员将社交媒体作为农业技术推广工具的情况下。

本研究旨在探讨农技员对社交媒体在农技推广工作中的接受和采纳行为，这是创新扩散研究中面对互联网等信息技术扩散的挑战所产生的全新领域。当前，互联网等信息技术特别是 Web 2.0 技术浪潮席卷社会每一个角落，很多领域面临这样的问题：对本领域而言，人们是如何接受互联网技术及其各种应用软件的？当然，在不同领域，互联网技术是以不同的面貌出现的。

在早期的研究中，学者们探讨用户如何接受文字处理系统、在线学习系统、图形处理软件；而现在，学者们关注用户是如何接受各类移动服务系统、在线游戏以及各种信息服务中的应用软件的（Cooper and Zmud，1990）。

随着移动互联网技术的不断发展，学者们研究的对象从信息技术本身的各种不同形态，逐步转变为移动互联网技术与不同领域、不同人群的结合现象（蒋骁，2011；刘满成，2013；何德华，2015；颜端武、吴鹏、李晓鹏，2017）。

这些研究除了关注实践中互联网技术扩散现象之外，还在不断丰富完善对互联网等信息技术接受模型的理论建构。目前，比较成熟的模型有TRA、TPB、TAM、DTPB 等，其中，DTPB（信息技术接受综合模型）为本研究提供了切合实际的研究框架。

本研究课题组于 2015 年在湖北省抽样调查了 200 多个乡镇近千名农技员，然后，利用 SPSS 22 软件对调查数据进行了统计分析。

统计分析的结果发现，DTPB 中的三个维度自变量——行为态度维度变量（感知有用性、感知易用性、兼容性）；主观规范维度变量（同级影响、上级影响，该变量建立在社会联系包括业缘联系强度、亲缘联系强度以及线上联系人规模在内的基础上）；感知行为控制维度变量（自我效能、资源便利条件、技术便利条件）——都对农技员是否会采纳社交媒体作为农业技术推广工具这一个因变量有显著的预测作用。其中，主观规范维度变量的业缘联系强度效果最显著。

这一发现进一步揭示出社交媒体作为一种促进人际交往的媒介是如何对人们生产、生活产生影响的。关键在于，社交媒体除了能让个体之间更方便、更快捷地互动之外，还能让个体更好地融入线上虚拟社区，享受集体智慧的红利。

二　理论：媒介接受与再创新理论

（一）农技员与媒介的使用

本研究中的"农技员"是指基层的农业技术推广人员，又称农业技术推广指导员。农技员直接开展各项农业技术推广活动，并指导农村居民参与农业技术推广工作（高启杰，2013：242）。农技员是整个农业技术推广体系中人数最多的一类。

农技员的主要工作包括通过对科技成果的试验、示范、培训宣传等，向农民传授先进技术（王文玺，1994），是"将先进的农业科技成果转化为现实生产力，并能增加农产品有效供给和农民收入的一种社会化服务"（王平、杨旭，1996）。事实上，今天，农技员在乡村所承担的工作要复杂得多，还包括：协助所在乡镇制定当地的农业政策与规划；拟定各类农业推广方案；向农民宣传政府涉农政策，同时搜集社情民意向上级部门报告；协助当地建立农村社会组织；向上级机构或其他社会组织争取资源，开展地方农业技术推广活动；评估所在地推广工作成果等（高启杰，2013：242）。

从上面所描述的农技员职责可以发现，沟通是农技员主要的工作方式之一。农技员需要"自觉与农民交流信息，帮助农民分析现状，设定未来的目标，进而帮助农民提高知识水平和技能，做出正确的决策"（Ban and Hawkins，1996）。不难想象，一个好的媒介沟通工具在农技员的工作中所能发挥的作用会有多大。

那么，农技员常用的媒介沟通工具有哪些呢？纸质媒体包括报纸、书籍、传单、小册子、挂图；电子媒体包括电影、电视、广播；实物包括黑板报、标本、综合教室等（王德海，2013：152）。

此前，有研究认为，农技员使用的传统媒体沟通工具具有公开性、平等性、权威性、范围广、速度快、成本低、单向传播、传者倾向性、内容多样性特点，因此，适用于广泛介绍农业新技术、新产品信息，在村庄里传播具有普遍指导意义的信息，针对多数农民关心的问题提供高效的咨询服务以及帮助农民将自己生产的产品推向市场等（王德海，2013：156）。当然，以上这些关于传统媒体在农业技术推广中作用的总结，是在互联网媒体快速普及之前。

以往，农技员掌握的农业技术基本推广方法除上面所提到的以外，还包括走访社区内目标农民，知情人访谈，接待来访、电话咨询，选择和培养示范户以及组织召开村民小组会议、村民大会等。

（二）社交媒体的接受与再创新

然而，王德海等人对传统媒体沟通工具特点的总结，特别是范围广、速度快、成本低、内容多样性等，在社交媒体出来之后，已经不太准确。

尽管还没有人对社交媒体在农业技术推广领域所能起到的作用进行系统的归纳，但是在相近的领域，比如教育培训领域，学者对社交媒体作用的研究已经相当深入，如包括微信在内的社交媒体已经超越一般意义上媒介的传播功能，成为一种超媒体的媒介生态系统（靖鸣、周燕、马丹晨，2014）；社交媒体的一般特征主要包括传播与更新速度快、成本低，信息量大、内容丰富，零成本全球传播，检索便捷，多媒体传播，超文本，便于互动与分享等（匡文波，2014：7-9）。上述这些优势几乎替代了传统媒体的优势。

其中，互动与分享功能是社交媒体区别于传统媒体最鲜明的特征。彭兰（2015：19）认为，分享是社交媒体传播的主要动力，数字世界的分享几乎不需要成本，还能带来回报，比如提高社会声望、改善人际关系以及增加社会资本等，社交媒体将大众传播、人际传播、组织传播这三个层次的传播聚合在一起，实现无缝连接。美国学者保罗·莱文森（2014：4）也认为，社交媒体能使消费者成为生产者，其互动性远远胜过单向的传统媒体比如电视、广播，更不用说报纸、杂志了。

起初社交媒体是围绕"朋友"这一概念设计出来的社交工具，是为朋友之间更好地联系服务的（詹金斯、伊藤瑞子、博伊德，2017：125）。不过，这种原本用于朋友交往的工具，很快就被用到各种场景之中，成为助推各行业发展的有力工具。

罗杰斯将这种现象称为"再创新"。所谓再创新，是指创新在用户使用及实现过程中发生了改变（罗杰斯，2016：19）。罗杰斯观察到，很多创新在实际使用过程中出现了再创新的现象。事实上，当创新出现之后，只有将其个性化，也就是再创新，才能让创新的潜力得到更好的挖掘。

按照罗杰斯的再创新理论，社交媒体由纯粹的人际沟通工具或者社交工具变成农技推广中有效工具的过程，就是一个典型的再创新过程，或者说是社交媒体实现了个性化使用。显然，在移动互联网时代，信息技术在各行各业都会催生这种再创新。再创新的结果，就是能够利用信息技术有效地提高本领域的工作效率。

以与农技推广类似的教育培训领域为例，英国学者乔恩·德龙和加拿大学者特里·安德森就社交媒体对于知识学习的价值总结如下：帮助建立学习共同体；支持知识生产；促进学习，激发学习动力、提升学习兴趣；具有成本效益；有透明度；跨越正式和非正式学习动机的界限；关注个人和社会的双重需求；构建身份和社会资本；具有易用性；便于访问；便于持久保留和查找；支持多种媒体格式；支持观点的论辩；凸显重要事物；灵活、适应性更强；支持创新；开拓"相邻可能"（德龙、安德森，2018：16-27）。农业技术推广过程本质上是一种知识的社会化或者学习过程。上述社交媒体在教育培训领域的优势同样适用于农技推广领域。

如何看待农技员对社交媒体工具的接受行为？罗杰斯（Rogers，1963）将接受或采纳行为定义为"个人或组织形成决定或拒绝采纳并付诸实施的决策过程"。在信息技术扩散研究中，用户技术接受或采纳是指个体用户使用信息技术的意愿。具体来说，用户技术接受或采纳包括两个方面：个体使用信息技术的行为和态度。其中，行为用来衡量用户使用信息技术意愿的强弱；态度是指人们对行为的认知反映，即个体对技术使用的正面或负面感觉（颜端武、吴鹏、李晓鹏，2017：15）。施瓦茨和安德鲁（Schwarz and Andrew，2003）将"采纳"分为接触、领会、评估、适应、接受五个维度。这五个维度也是个体对信息技术的采纳的过程：通过接触，用户了解信息技术；通过领会，用户掌握信息技术；通过评估，用户确认信息技术的有用性；通过适应，用户改变自己过往的习惯；接受，表明用户彻底地采纳该技术。

除了关注农技员在农业技术推广中是否将社交媒体作为工具，本研究还特别关注在接受这种工具之后，农技员对其使用强度的问题。

吴等人（Wu，et al.，2003）的研究认为，信息技术的采纳是一个持续社会化的过程，随着时间的推移而发生变化，而采纳强度是指信息技术被采纳之后在特定过程中执行的程度。刘等人（Liu，et al.，2010）认为，信息技术的采纳强度是指某项信息技术被采纳之后使用或者执行的程度、水平以及频率。

显然，关注农技员社交媒体的使用强度，能够帮助人们了解社交媒体在农业技术推广中的使用情况。

（三）农技推广中采纳和使用社交媒体的影响因素

社交媒体的诸多优势能够真正转化为农业技术推广的红利，前提是农技员要接受社交媒体这一新型信息技术。

随着信息技术的不断渗透，各个领域都面临对信息技术是积极拥抱、消极对待还是强烈抵触的问题。近些年，围绕信息技术多样化的接受和采纳问题，学界展开了一系列研究，希望能够找出那些预测对信息技术是采纳还是拒绝的影响因素。在这一过程中，学者们构建了一系列有效的理论模型。

相关理论模型不断得到升级更新，从 TAM 开始，到 TAM2、TAM3，再到 UTAUT、TPC。本研究特别关注的是在 TAM 的基础上整合了计划行为理论（TPB）所形成的 DTPB。

TAM，全称是信息技术接受模型（Technology Acceptance Model），是建立在理性行为理论（Theory of Reasoned Action，TRA）基础上的。

TRA（理性行为理论）由菲什拜因和阿杰恩（Fishbein and Ajzen，1975）提出，他们认为，个体的行为意向是由个体的行为态度和主观规范决定的。TRA 把态度因素和行为联系起来，使得对行为预测的可能性大大提高。TRA 是一个通用模型，是建立在人们有完全控制自己行为能力的基础上的。但是，在实际生活中，人们的态度往往受到各种客观因素的影响。

有鉴于此，戴维斯（Davis，1989）在研究用户接受信息技术行为时，对 TRA 进行了改造，提出 TAM。确切地说，就是在 TRA 的基础上，增加了外部变量影响人们态度的因素。

与 TRA 相同，TAM 也认为，决定用户是否使用计算机的首先是行为意向。但是，个体的行为意向由用户想要使用该技术的态度和对该技术的有用性感知共同决定。感知的有用性由外部变量和感知的易用性共同决定。其中，外部变量包括用户特征、系统设计特征、任务特征、政策影响、组织结构等（Davis，1989）。

文卡特希和戴维斯（Venkatesh and Davis，2000）对 TAM 进行修正，提出了 TAM2。TAM2 提出，感知有用性和使用意愿受到社会影响以及认知工具性的影响。其中，社会影响包括社会规范、自我形象、是否自愿和个体以往所积累的经验；认知工具性的影响或者感知有用性，则包括与自己工作的相关性、结果示范效应、感知易用性等维度。

在对不同版本的 TAM 进行总结之后，文卡特希等（Venkatesh，Morris，and Davis，2003）提出研究影响使用者认知因素的权威模式，也就是整合型科技接受模型（Unified Theory of Acceptance and Use of Technology，UTAUT）。UTAUT 将影响使用者认知的因素分为四大核心维度：期望效用、努力期望、社会影响、便利条件。其中，期望效用是指个人感觉使用系统对自己的工作有用的程度；努力期望是指个人需要付出的努力程度；社会影响是指个人所感受到的受周围群体影响的大小；便利条件是指个人所感受到所属的组织对系统使用在相关技术、设备方面的支持程度。社会影响包括主观规范、社会因素和对外展示的公众形象三个方面。文卡特希等的研究还发现，性别、年龄、经验和自愿性四个变量对以上核心维度有着显著的影响。

继 UTAUT 之后，文卡特希和巴拉（Venkatesh and Bala，2008）提出了 TAM3。该模型认为，决定感知易用性和感知有用性的因素有四种：社会影响、系统特征、个人差异和便利条件。其中，系统特征包括感知愉悦性和客观可能性；个人差异包括计算机自我效能感知、计算机焦虑感知、计算机娱乐性和自我控制感。

从 TAM 到 UTAUT，一个重要的预设前提是，一项创新是否能够真正被人们采纳，这项创新的客观属性并不重要，重要的是人们如何看待这项创新。显然，这种主观感知容易受到他人的影响。

从这个角度而言，泰勒（Taylor）和托德（Todd）在 1995 年提出的 DT-PB 更深刻地体现了这一思想。本研究以 DTPB 为基础框架，并对其稍做改造。

DTPB 综合了信息技术接受模型（TAM）和计划行为理论（TPB）的特点，被誉为信息技术整合研究的一个里程碑，其结构见图 1。在 DTPB 中，决定行为意向和最终行为的因素包括行为态度、主观规范和感知行为控制。其中，行为态度分为感知有用性、感知易用性和兼容性；主观规范分为同级影响和上级影响；感知行为控制分为自我效能、资源便利条件和技术便利条件。

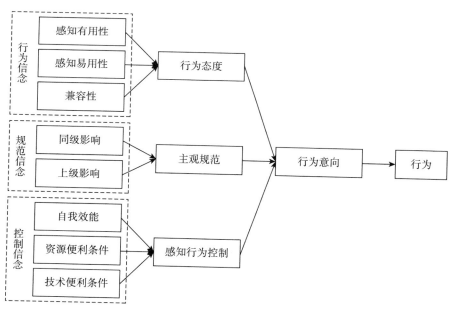

图 1　信息技术接受综合模型（DTPB）（Taylor and Todd，1995）

根据 DTPB，本研究拟关注三个方面的问题。

问题1：农技员的行为态度是否对其采纳社交媒体作为农业技术推广工具以及对社交媒体的使用强度产生影响？

问题2：农技员的主观规范是否对其采纳社交媒体作为农业技术推广工具以及对社交媒体的使用强度产生影响？

问题3：农技员的感知行为控制是否对其采纳社交媒体作为农业技术推广工具以及对社交媒体的使用强度产生影响？

其中，行为态度是指农技员对采纳社交媒体作为农技推广工具这一"再创新"行为的感知，包括是否有用和是否容易使用；主观规范是指农技员是否感知到其他同行或者身边的亲朋好友也这样做；感知行为控制是指农技员对自身能力的预判，即自己是否掌握了足够的知识或者积累了足够的经验来完成这一"再创新"行为。

当然，本研究还试图弄清楚第四个问题，即决定农技员采纳社交媒体作为农技推广工具的因素与决定农技员采纳社交媒体作为农技推广工具之后对其使用强度的因素是一致的，还是有较大的不同？

三　信息技术接受综合模型（DTPB）

本研究的目的是找出促使农技员采纳社交媒体作为农业技术推广工具以及使用强度的影响因素，并对其进行对比分析。前者（采纳行为）是二分类变量，后者（使用强度）是连续变量，因此，本研究分别采取二元逻辑回归模型和多元线性回归模型作为样本数据的分析工具。

为了便于对比分析，结合实际情况，本研究对两个因变量预测因素的探索采用 DTPB 作为研究框架。同时，根据农技员队伍的现状、农村社会的实际情况以及前人的研究成果，本研究对该模型进行了适当的调整。

（一）因变量

1. 对社交媒体的采纳

因变量一是调查农技员开展农技推广工作时是否采纳社交媒体这一新工具，要求农技员在"是"与"否"中进行选择。表1是农技员工作中采纳社交媒体的情况。

表1 农技员在工作中采纳社交媒体的比例 (2015 年数据)

单位：人、%

		人数	百分比	有效百分比	累计百分比
有效	.00	223	23.4	23.4	23.4
	1.00	728	76.6	76.6	100.0
	总计	951	100.0	100.0	

2. 对社交媒体的使用强度

因变量二是测量农技员在工作中对社交媒体的使用强度。对该变量的测量，本研究设置了4个题项，分别是"在社媒上看农技信息的频率""利用社媒发布农技信息的频率""利用社媒与同行交流的频率""利用社媒与农民交流的频率"。受访者的回答，统一采用5级李克特量表，从1到5分别代表完全不用、偶尔用、有时用、经常用、天天用。

对上述4个题项进行探索性因子分析，KMO统计量为0.647，Bartlett球形检验显著，内部一致信度α值为0.691，符合信度指标的相关要求。因此，对上述4个题项的分值加总后再平均，得出农技员工作中对社交媒体使用强度的指数，见表2。

表2 "使用强度"因子分析结果

题项	使用强度	共同性
利用社媒发布农技信息的频率	.727	.528
在社媒上看农技信息的频率	.743	.551
利用社媒与同行交流的频率	.764	.584
利用社媒与农民交流的频率	.733	.538
累计解释变异量	55.0%	

(二) 自变量

信息技术接受综合模型（DTPB）将自变量分为三个维度，即行为态度、主观规范、感知行为控制。根据这一模型，本研究将拟要考察的变量也分成三组，分属上述三个维度。

1. 行为态度维度

在DTPB中，预测变量行为态度由三个子变量组成，分别是感知有用性、感知易用性和兼容性。

感知有用性是指潜在使用者主观认为，在某一特定的环境中，使用一种创新能够提高其工作绩效的可能性（Davis，1989）。已有的研究证明，有用性认知能够通过用户的使用态度间接影响使用行为（Lai and Li，2005）。在所有关于技术接受或采纳的研究中，感知有用性都被作为一个基本的预测变量。

对该变量的测量，本研究设置了 1 个题项，即"您看好社交媒体在农技推广中的作用吗?"回答统一采用 5 级李克特量表，从 1 到 5 分别代表不看好、不确定、有点看好、看好、非常看好。

感知易用性指潜在使用者认为使用某一创新的容易程度（Davis，1989）。农技员将原本应用在人际交往场合中的社交媒体应用到农技推广中，在技术上并没有特殊的变化。就微信等社交媒体而言，其操作在设计上对用户是极为友好的，用户都能轻松使用，并不存在较高的门槛。因为，感知易用性部分被感知有用性代替（Davis，1989），所以，本研究不单独设置感知易用性这个变量。

兼容性是指一项创新与潜在使用者现有的价值理念、实际需求以及过去经历的匹配程度（杨伯淑，2000）。潜在使用者在接受一项创新的过程中，该项创新的兼容性有助于他们理解该项创新的意义，同时增加他们对创新的亲近感（罗杰斯，2016）。兼容性越强，创新就越有可能被潜在使用者接受。一般而言，兼容性分为与价值观兼容、与偏好的工作方式兼容、与当前工作实践兼容以及与以往的生活经验兼容四个类型（Karahanna，Agarwal and Angst，2006）。据此，本研究以"每周阅读报纸频率"和"每周阅读杂志频率"两个题项来测量，农技员用 8 级李克特量表作答，从 0～7 分别表示几乎不看、每周 1 次、每周 2 次、每周 3 次、每周 4 次、每周 5 次、每周 6 次、每周 7 次。根据兼容性的相关研究，那些具有创新特质的人在社交媒体出现之前，会通过比其他人更高频率地使用大众媒介获取有用的信息。社交媒体不仅具备大众媒介的主要功能，其优越性还远远超过大众媒介，因此，那些具有创新特质的农技员利用社交媒体获取有用信息比利用大众媒介获取信息更具兼容性，这种兼容性的存在，可能会促使他们更多地使用社交媒体。

据此，本研究将"问题1：农技员的行为态度是否对其采纳社交媒体作为农业技术推广工具以及对社交媒体的使用强度产生影响？"操作化为以下几个假设：

H1a：农技员对社交媒体的感知有用性会正向影响其在工作中采纳社交媒体。

H1b：农技员对社交媒体的感知有用性会正向影响其在工作中使用社交媒体的强度。

H2a：农技员每周阅读报纸频率会正向影响其在工作中采纳社交媒体。

H2b：农技员每周阅读报纸频率会正向影响其在工作中使用社交媒体的强度。

H3a：农技员每周阅读杂志频率会正向影响其在工作中采纳社交媒体。

H3b：农技员每周阅读杂志频率会正向影响其在工作中使用社交媒体的强度。

2. 主观规范维度

DTPB中的主观规范维度，是指个体的行为会受到其周围重要人群的影响程度（Taylor and Todd，1995）。DTPB将同级影响和上级影响作为主观规范的测量题项。

从中国农村实际情况来看，对个体有重要影响的人群与欧美国家有较大的差异：以亲缘关系为纽带的亲友人群和以业缘关系为纽带的同事、同行人群，对个体更有影响力（张雷、陈超、展进涛，2009；Ramirez and Ana，2013）。据此，本研究设置7个题项来测量主观规范，分别是用社媒联系本地亲戚的频率、联系外地亲戚的频率、联系家人的频率、联系同事的频率、联系同学的频率、联系农民的频率、你的社交媒体上有多少联系人。前6个题目的逻辑是，农技员与亲戚、家人、同事、同学、农民联系越多，就越有可能受到他们使用社交媒体作为农技推广工具的影响，无论是正面影响还是负面影响。而农技员的线上联系人规模越大，其也越有可能受到同样的影响。

利用 SPSS 22 对前 6 个题项进行验证性因子分析，KMO 值为 84.5%，Bartlett 球形检验显著。而可靠性检测的结果是，内部一致信度 α 值为 87.8%，完全符合信度指标的相关要求。验证性因子分析结果见表 3。

表 3 "联系频率" 因子分析结果

题 项	亲缘联系强度	业缘联系强度	共同性
用社媒联系本地亲戚的频率	.870	.320	.859
用社媒联系外地亲戚的频率	.864	.219	.794
用社媒联系家人的频率	.763	.413	.754
用社媒联系同事的频率	.268	.851	.796
用社媒联系同学的频率	.255	.842	.774
用社媒联系农民的频率	.345	.682	.584
累计解释变异量			76.0%

从 6 个题项提取两个意义明确的公因子，分别命名为亲缘联系强度和业缘联系强度。从表 3 可见，各测量题项的因子载荷都要远远高于交叉载荷，说明量表具有较好的聚合效度和区分效度（Chin，1998）。因此，采取相关题项得分加总平均的方式得出亲缘联系强度、业缘联系强度的分值。

本研究将以亲缘联系强度、业缘联系强度、线上联系人规模三个变量为主观规范维度的变量。

因此，本研究将"问题 2：农技员的主观规范是否对其采纳社交媒体作为农业技术推广工具以及对社交媒体的使用强度产生影响？"操作化为以下几个假设：

H4a：农技员的亲缘联系强度会正向影响其在工作中采纳社交媒体。

H4b：农技员的亲缘联系强度会正向影响其在工作中使用社交媒体的强度。

H5a：农技员的业缘联系强度会正向影响其在工作中采纳社交媒体。

H5b：农技员的业缘联系强度会正向影响其在工作中使用社交媒体的强度。

H6a：农技员的线上联系人规模会正向影响其在工作中采纳社交媒体。

H6b：农技员的线上联系人规模会正向影响其在工作中使用社交媒体的强度。

3. 感知行为控制维度

DTPB 中的感知行为控制维度，指个体感知到执行某特定行为的容易程度。这一概念反映了个体对那些可能促进或阻碍执行行为产生的因素的感知（Ajzen，1988）。当个体认为自己具有执行某特定行为的能力，或者拥有执行该行为的相关资源时，他就会感知自己的行为控制水平高，所以对执行该特定行为的意向更强（Ajzen，1988）。总体来说，感知行为控制是行为的驱动力（Hui and Bateson，1991）。

DTPB 中的感知行为控制分为 3 个观测变量：自我效能、资源便利条件和技术便利条件。本研究设置了"你所能够熟练使用的社交媒体的种类？"这个题项来检测农技员对媒介使用的自我效能，而将资源便利条件和技术便利条件合并，用"你对在本地上网的满意度"作为测量题项，因为，对在本地上网的满意度可以反映农技员对本地互联网基础设施完善程度的感知。

根据上述分析，本研究将"问题 3：农技员的感知行为控制是否对其采纳社交媒体作为农业技术推广工具以及对社交媒体的使用强度产生影响？"操作为以下几个假设：

H7a：农技员熟练掌握社交媒体的种类会正向影响其在工作中采纳社交媒体。

H7b：农技员熟练掌握社交媒体的种类会正向影响其在工作中使用社交媒体的强度。

H8a：农技员对在本地上网的满意度会正向影响其在工作中采纳社交媒体。

H8b：农技员对在本地上网的满意度会正向影响其在工作中使用社交媒体的强度。

(三) 控制变量和调节变量

DTPB 偏重于研究潜在技术采纳者的主观感受，比如对创新技术属性的感知、对社会压力的感知以及对自我效能的感知，却忽略了个体的差异。UTAUT 认为影响潜在使用者最终采纳互联网技术的关键因素包括期望效用、努力期望、社会影响、便利条件 (Venkatesh, et al., 2003)。这四个因素其实也隐含在 DTPB 的行为态度、主观规范以及感知行为控制之中。除此之外，UTAUT 还引入了性别、年龄、经验和自愿性四个变量。

因此，本研究也将检验这些变量对农技员在工作中采纳社交媒体以及对社交媒体的使用强度的影响。由于本研究在采集数据时，国家还没有将智能手机的培训作为对农民培训的规定内容，所有农技员采用社交媒体作为农技推广工具都是自愿、自发的，因此对自愿性这一变量的影响，本研究不关注。此外，由于本研究中经验自变量是以工作年限为测量标准，而年龄自变量和从事农技工作年限自变量，在本研究中都是关注一个人的经验，可以相互替代，因此，为了简化模型，本研究只将性别和从事农技工作年限这两个自变量作为控制变量和调节变量 (见表4)。

表4 控制变量和调节变量统计描述

变量名称	统计描述
性别	男：707 人；女：244 人
从事农技工作年限	极小值：0；极大值43 年；均值20.2 年；标准差9.89 年

在本研究所关注的两个结果变量中，"农技员是否会采纳社交媒体作为农技推广工具"是二分类变量，本研究进行数据分析时所采用的模型为二元逻辑回归模型。因此，在研究该因变量的预测因素时，拟将性别和从事农技工作年限作为控制变量来进行分析。

据此，提出以下假设：

H9：农技员的性别会正向影响其在工作中采纳社交媒体。

H10：农技员从事农技工作年限会正向影响其在工作中采纳社交媒体。

另一个结果变量"农技员在工作中对社交媒体的使用强度"是个连续变量，本研究进行数据分析时所采用的模型为多元线性回归模型，因此，在该部分研究中，将考察性别、从事农技工作年限的调节效应。

据此，提出以下假设：

H11a：农技员的性别会在农技员的行为态度维度自变量与农技员在工作中对社交媒体的使用强度之间起调节作用。

H11b：农技员的性别会在农技员的主观规范维度自变量与农技员在工作中对社交媒体的使用强度之间起调节作用。

H11c：农技员的性别会在农技员的感知行为控制维度自变量与农技员在工作中对社交媒体的使用强度之间起调节作用。

H12a：农技员从事农技工作年限会在农技员的行为态度维度自变量与农技员在工作中对社交媒体的使用强度之间起调节作用。

H12b：农技员从事农技工作年限会在农技员的主观规范维度自变量与农技员在工作中对社交媒体的使用强度之间起调节作用。

H12c：农技员从事农技工作年限会在农技员的感知行为控制维度自变量与农技员在工作中对社交媒体的使用强度之间起调节作用。

四　发现：行为态度、主观规范、感知行为控制 影响社交媒体使用

（一）二元逻辑回归模型的分析结果

本研究首先以二分类变量"农技员是否会采纳社交媒体作为农技推广工具"为因变量，以行为态度维度自变量、主观规范维度自变量、感知行为控制维度自变量，以控制变量性别、从事农技工作年限为自变量，构建了二元逻辑回归模型，并利用 SPSS 22 进行统计分析，结果见表 5。

表 5　农技员是否会采纳社交媒体作为农技推广工具二元逻辑回归模型结果

自变量	B	S. E.	Wald	df	显著性	Exp（B）
行为态度维度自变量						
v35 对社交媒体效果的预期	.223	.079	7.881	1	.005	1.249
v7a 每周阅读报纸频率	.005	.048	.013	1	.911	1.005
v7b 每周阅读杂志频率	.167	.067	6.134	1	.013	1.182
主观规范维度自变量						
v20x 亲缘联系强度	.356	.143	6.157	1	.013	1.427
v20y 业缘联系强度	.786	.152	26.701	1	.000	2.194
inv16x 线上联系人规模	.224	.102	4.882	1	.027	1.252
感知行为控制维度自变量						
v11 掌握社交媒体的种类	.251	.122	4.240	1	.039	1.285
v5 对在本地上网的满意度	.018	.122	.021	1	.884	1.018
控制变量						
v36 性别	−.112	.216	.268	1	.605	.894
v42 从事农技工作年限	.017	.013	1.665	1	.197	1.017
常量	−5.025	.955	27.691	1	.000	.007
整体模型适配度检验	$x^2 = 223.6^{***}$；Hosmer 和 Lemeshow 检验值为 13.445 n. s.					
关联强度	Cox & Snell $R^2 = 21.0\%$，Nagelkerke $R^2 = 31.6\%$					

注：$^{***}\ p < 0.001$；n. s. $p > 0.05$。

从表 5 可以看出，二元逻辑回归模型的整体模型显著性检验 $x^2 = 223.6$（$p = 0.000 < 0.001$），达到显著水平；而 Hosmer 和 Lemeshow 检验值为 13.445（$p > 0.05$），未达到显著水平，表明该模型的适配度非常理想。关联强度系数 Cox & Snell R^2 为 21.0%，Nagelkerke R^2 为 31.6%，说明自变量与因变量之间有中度相关的关系存在，10 个自变量可以解释农技员是否愿意采纳社交媒体作为农业技术推广工具总变异的 21.0% 和 31.6%。

从单个自变量的显著性检验来看，在行为态度维度自变量中，对社交媒体效果的预期和每周阅读杂志频率两个自变量的 Wald 指标值分别为 7.881 和 6.134，均达到 0.05 显著水平，说明这两个自变量与"农技员是否会采纳社交媒体作为农技推广工具"有显著关联，可以对其进行有效预测。

两个变量的胜算比值分别为 1.249 和 1.182，表明样本在"对社交媒体效果的预期"测量值每增加 1 分，农技员采纳社交媒体作为农技推广工具比不采纳的胜算的概率就增加 24.9%；样本在"每周阅读杂志频率"测量值每增加 1 分，农技员采纳社交媒体作为农技推广工具比不采纳的胜算的概率就增加 18.2%。

在主观规范维度自变量中，亲缘联系强度、业缘联系强度、线上联系人规模 3 个自变量的 Wald 指标值分别为 6.157、26.701 和 4.882，均达到 0.05 显著水平，说明这 3 个自变量与"农技员是否会采纳社交媒体作为农技推广工具"有显著关联，可以对其进行有效预测。3 个自变量的胜算比值分别为 1.427、2.194 和 1.252，表明农技员个体在"亲缘联系强度"测量值每增加 1 分，其采纳社交媒体作为农技推广工具比不采纳的胜算的概率就增加 42.7%；农技员个体在"业缘联系强度"测量值每增加 1 分，其采纳社交媒体作为农技推广工具比不采纳的胜算的概率就增加 119.4%；农技员个体在"线上联系人规模"测量值每增加 1 分，其采纳社交媒体作为农技推广工具比不采纳的胜算的概率就增加 25.2%。

在感知行为控制维度自变量中，自变量掌握社交媒体的种类的 Wald 指标值为 4.240，达到 0.05 显著水平，说明该自变量与"农技员是否采纳社交媒体作为农技推广工具"有显著关联，可以对其进行有效预测。该自变量的胜算比值为 1.285，表示农技员个体在"掌握社交媒体的种类"测量值每增加 1 分，其采纳社交媒体作为农技推广工具比不采纳的胜算的概率就增加 28.5%。在该维度自变量中，自变量对在本地上网的满意度没有达到显著水平，说明其与"农技员是否采纳社交媒体作为农技推广工具"没有显著关联，也不能对其进行有效预测。

性别、从事农技工作年限 2 个控制变量均没有达到显著水平，说明它们与"农技员是否采纳社交媒体作为农技推广工具"没有显著关联，也不能对其进行有效预测。

从预测分类正确率交叉表来看，整体分类正确的百分比为 81.2%（见表 6）。

表 6　预测分类正确率交叉

| | | 预测值 | | 百分比正确 |
		不采纳	采纳	
观测值	不采纳	74	149	33.2
	采纳	30	698	95.9
总预测正确率				81.2

（二）多元线性回归模型的分析结果

接来下，本研究以连续变量"农技员在工作中对社交媒体的使用强度"为因变量，以行为态度维度、主观规范维度、感知行为控制维度为自变量，构建多元线性回归模型，并利用 SPSS 22 进行统计分析，结果见表 7。

表 7　农技员在工作中对社交媒体的使用强度多元线性回归模型结果

| 自变量 | 非标准化回归系数 | | 标准化回归系数 | | | 共线性统计 | |
	B	S.E	贝塔	t	显著性	容差	VIF
（常量）	.109	.169		.644	.520		
行为态度维度自变量							
v35 对社交媒体效果的预期	.114	.026	.117	4.460	.000	.927	1.079
v7a 每周阅读报纸频率	.014	.015	.027	.951	.342	.778	1.286
v7b 每周阅读杂志频率	.032	.019	.047	1.653	.099	.788	1.269
主观规范维度自变量							
inv16x 线上联系人规模	.135	.030	.154	4.452	.000	.535	1.870
v20x 亲缘联系强度	.118	.045	.089	2.606	.009	.545	1.835
v20y 业缘联系强度	.453	.049	.321	9.228	.000	.525	1.906
感知行为控制维度自变量							
v11 掌握社交媒体的种类	.175	.036	.157	4.794	.000	.592	1.689
v5 对在本地上网的满意度	.033	.038	.023	.857	.392	.884	1.131

$R = 63.3\%$；$R^2 = 40.1\%$；调整后 $R^2 = 39.6\%$；$F = 78.695$ ***

注：*** $p < 0.001$。

从表 7 可以发现，模型变异量 F 值为 78.695，显著性检验的 $p < 0.001$，说明模型的整体解释变异量达到显著水平；模型中，所有自变量的容忍度

145

值均远离 0，而且方差膨胀系数 VIF 都在 2 以下，说明自变量之间不存在共线性问题，比较理想。

结果显示，对社交媒体效果的预期、每周阅读报纸频率、每周阅读杂志频率、线上联系人规模、亲缘联系强度、业缘联系强度、掌握社交媒体的种类、对在本地上网的满意度这 8 个自变量与"农技员在工作中对社交媒体的使用强度"的多元相关系数为 63.3%，多元相关系数的平方为 40.1%，表示这 8 个自变量一共可解释"农技员在工作中对社交媒体的使用强度"变量 40.1% 的变异量。8 个自变量的标准化回归系数均为正数，表示这 8 个自变量对因变量的影响均为正向。

在该模型中，对农技员在工作中对社交媒体的使用强度有显著影响的预测变量为对社交媒体效果的预期、线上联系人规模、亲缘联系强度、业缘联系强度、掌握社交媒体的种类 5 个。

从标准化回归系数来看，5 个显著回归系数的自变量中，业缘联系强度最大，其次是掌握社交媒体的种类，表明自变量业缘联系强度对因变量的解释力最强，掌握社交媒体的种类次之。

而每周阅读报纸频率、每周阅读杂志频率、对在本地上网的满意度这 3 个自变量的回归系数均未达到显著，表明这 3 个自变量对因变量"农技员在工作中对社交媒体的使用强度"的变异解释力非常小。

与之前以"农技员是否采纳社交媒体作为农技推广工具"为因变量的二元逻辑回归模型的分析结果做一个简单比较，可以发现，两个因变量的预测变量基本相同，唯一不同的是每周阅读杂志频率在以是否采纳为因变量的二元逻辑回归模型中显著，但是在以使用强度为因变量的多元线性回归模型中不显著，不过在后者中接近显著。

本研究还发现 DTPB 对农技员对社交媒体的使用强度变异的解释力要强于农技员是否采纳社交媒体作为农技推广工具变异的解释力。这说明，DTPB 不仅适用于检验信息技术是否采纳的预测变量显著性，也适用于检验信息技术使用强度的预测变量显著性。

综上所述，根据二元逻辑回归模型以及多元线性回归模型所得的分析结果，对前文的假设验证情况如表 8 所示。

表 8　假设 H1a ~ H10 验证情况

编号	假设陈述	是否得到验证
H1a	农技员对社交媒体工具的感知有用性会正向影响其在工作中采纳社交媒体	是
H1b	农技员对社交媒体工具的感知有用性会正向影响其在工作中使用社交媒体的强度	是
H2a	农技员每周阅读报纸频率会正向影响其在工作中采纳社交媒体	否
H2b	农技员每周阅读报纸频率会正向影响其在工作中使用社交媒体的强度	否
H3a	农技员每周阅读杂志频率会正向影响其在工作中采纳社交媒体	是
H3b	农技员每周阅读杂志频率会正向影响其在工作中使用社交媒体的强度	否
H4a	农技员的亲缘联系强度会正向影响其在工作中采纳社交媒体	是
H4b	农技员的亲缘联系强度会正向影响其在工作中使用社交媒体的强度	是
H5a	农技员的业缘联系强度会正向影响其在工作中采纳社交媒体	是
H5b	农技员的业缘联系强度会正向影响其在工作中使用社交媒体的强度	是
H6a	农技员的线上联系人规模会正向影响其在工作中采纳社交媒体	是
H6b	农技员的线上联系人规模会正向影响其在工作中使用社交媒体的强度	是
H7a	农技员熟练掌握社交媒体的种类会正向影响其在工作中采纳社交媒体	是
H7b	农技员熟练掌握社交媒体的种类会正向影响其在工作中使用社交媒体的强度	是
H8a	农技员对在本地上网的满意度会正向影响其在工作中采纳社交媒体	否
H8b	农技员对在本地上网的满意度会正向影响其在工作中使用社交媒体的强度	否
H9	农技员的性别会正向影响其在工作中采纳社交媒体	否
H10	农技员从事农技工作年限会正向影响其在工作中采纳社交媒体	否

（三）对性别、从事农技工作年限变量调节效应的检验

根据上述多元线性回归模型的分析结果，本研究以"农技员在工作中对社交媒体的使用强度"为因变量，分别将对社交媒体效果的预期、业缘联系强度、掌握社交媒体种类这 3 个自变量作为行为态度维度自变量、主观规范维度自变量和感知行为控制维度自变量的代表，分别与性别、从事农技工作年限变量进行调节效应的检验。该检验是用 SPSS 22 软件中的 Process 插件来进行的。

调节效应检验 1：自变量"v35 对社交媒体效果的预期"；调节变量"v36 性别"

利用 Process 软件检验性别变量在农技员的行为态度维度变量（以农技

员对社交媒体效果的预期为观测变量）预测因变量"农技员在工作中对社交媒体的使用强度"过程中的调节作用，结果见表9。

表9　回归模型分析结果（自变量"v35 对社交媒体效果的预期"；调节变量"v36 性别"）

	Coeff	Se	t	p	LLCI	ULCI
constant	0.465	0.288	1.616	0.106	−0.100	1.030
v36	−0.033	0.214	−0.155	0.877	−0.453	0.387
v35	0.149	0.078	1.926	0.054	−0.003	0.301
v35 × v36	−0.019	0.059	−0.317	0.751	−0.134	0.097
v11	0.283	0.031	9.060	0.000	0.221	0.344
v20y	0.600	0.040	14.943	0.000	0.521	0.679

$R^2 = 37.7\%$；$F = 115.2$；$p = 0.000$

表9显示，对社交媒体效果的预期变量与性别变量的交互项 $p > 0.05$，意味着检验没有获得通过，即性别变量的调节作用并不显著。

调节效应检验2：自变量"v20y 业缘联系强度"；调节变量"v36 性别"

利用 Process 软件检验性别变量在农技员的主观规范维度变量（以农技员业缘联系强度为观测变量）预测因变量"农技员在工作中对社交媒体的使用强度"过程中的调节作用，结果见表10。

表10　回归模型分析结果（自变量"v20y 业缘联系强度"；调节变量"v36 性别"）

	Coeff	Se	t	p	LLCI	ULCI
constant	0.146	0.392	0.372	0.710	−0.624	0.916
v36	0.244	0.319	0.765	0.445	−0.382	0.869
v20y	0.724	0.120	6.036	0.000	0.489	0.960
v20y × v36	−0.104	0.095	−1.095	0.274	−0.291	0.082
v11	0.281	0.031	8.990	0.000	0.220	0.342
v35	0.126	0.026	4.898	0.000	0.075	0.176

$R^2 = 37.9\%$；$F = 115.5$；$p = 0.000$

表10显示，业缘联系强度变量与性别变量的交互项 $p > 0.05$，意味着检验没有获得通过，即性别变量的调节作用并不显著。

调节效应检验 3：自变量"v11 掌握社交媒体的种类"；调节变量"v36 性别"

利用 Process 软件检验性别变量在农技员的感知行为控制维度变量（以农技员掌握社交媒体的种类为观测变量）预测因变量"农技员在工作中对社交媒体的使用强度"过程中的调节作用，结果见表 11。

表 11　回归模型分析结果（自变量"v11 掌握社交媒体的种类"；调节变量"v36 性别"）

	Coeff	Se	t	p	LLCI	ULCI
constant	0.465	0.236	1.970	0.050	0.002	0.929
v36	-0.0295	0.173	-0.170	0.865	-0.369	0.310
v11	0.319	0.092	3.492	0.001	0.140	0.140
v11 × v36	-0.030	0.070	-0.426	0.670	-0.166	0.107
v35	0.126	0.026	4.912	0.000	0.076	0.176
v20y	0.599	0.040	14.861	0.000	0.520	0.678

$R^2 = 37.9\%$；$F = 115.2$；$p = 0.000$

表 11 显示，掌握社交媒体的种类变量与性别变量的交互项 $p > 0.05$，意味着检验没有获得通过，即性别变量的调节作用并不显著。

调节效应检验 4：自变量"v35 对社交媒体效果的预期"；调节变量"v42 从事农技工作年限"

利用 Process 软件检验从事农技工作年限变量在农技员的行为态度维度变量（以农技员对社交媒体效果的预期为观测变量）预测因变量"农技员在工作中对社交媒体的使用强度"过程中的调节作用，结果见表 12。

表 12　回归模型分析结果（自变量"v35 对社交媒体效果的预期"；
调节变量"v42 从事农技工作年限"）

	Coeff	Se	t	p	LLCI	ULCI
constant	0.503	0.235	2.142	0.0333	0.042	0.964
v42	-0.003	0.009	-0.336	0.737	-0.020	0.01
v35	0.104	0.055	1.899	0.058	-0.004	0.212
v35 × v42	0.001	0.002	0.442	0.659	-0.004	0.006
v11	0.281	0.032	8.930	0.000	0.219	0.343
v20y	0.595	0.040	14.780	0.000	0.516	0.673

$R^2 = 37.7\%$；$F = 114.5$；$p = 0.000$

表 12 显示，对社交媒体效果的预期变量与从事农技工作年限变量的交互项 $p > 0.05$，意味着检验没有获得通过，即从事农技工作年限变量的调节作用并不显著。

调节效应检验 5：自变量 "v20y 业缘联系强度"；调节变量 "v42 从事农技工作年限"

利用 Process 软件检验从事农技工作年限变量在农技员的主观规范维度变量（以农技员业缘联系强度为观测变量）预测因变量 "农技员在工作中对社交媒体的使用强度" 过程中的调节作用，结果见表 13。

表 13　回归模型分析结果（自变量 "**v20y** 业缘联系强度"；
调节变量 "**v42** 从事农技工作年限"）

	Coeff	Se	t	p	LLCI	ULCI
constant	0.501	0.313	1.603	0.109	−0.112	1.114
v42	−0.003	0.012	−0.213	0.8310	−0.026	0.021
v20y	0.573	0.091	6.272	0.000	0.394	0.753
v20y × v42	0.001	0.004	0.280	0.780	−0.006	0.008
v35	0.125	0.026	4.8656	0.000	0.075	0.176
v11	0.280	0.032	8.848	0.000	0.218	0.343

$R^2 = 37.7\%$；$F = 114.4$；$p = 0.000$

表 13 显示，业缘联系强度变量与从事农技工作年限变量的交互项 $p > 0.05$，意味着检验没有获得通过，即从事农技工作年限变量的调节作用并不显著。

调节效应检验 6：自变量 "v11 掌握社交媒体的种类"；调节变量 "v42 从事农技工作年限"

利用 Process 软件检验从事农技工作年限变量在农技员的感知行为控制维度变量（以农技员掌握社交媒体的种类为观测变量）预测因变量 "农技员在工作中对社交媒体的使用强度" 过程中的调节作用，结果见表 14。

表 14　回归模型分析结果（自变量 "**v11** 掌握社交媒体的种类"；
调节变量 "**v42** 从事农技工作年限"）

	Coeff	Se	t	p	LLCI	ULCI
constant	0.921	0.226	4.082	0.000	0.478	1.364

续表

	Coeff	Se	t	p	LLCI	ULCI
v42	−0.019	0.007	−2.638	0.009	−0.033	−0.005
v11	0.101	0.068	1.488	0.137	−0.032	0.235
v11 × v42	0.009	0.003	2.983	0.003	0.003	0.014
v35	0.125	0.026	4.873	0.000	0.075	0.175
v20y	0.574	0.041	14.158	0.000	0.495	0.654

$R^2 = 38.3\%$; $F = 117.3$; $p = 0.000$

表 14 显示，掌握社交媒体的种类变量与从事农技工作年限变量的交互项 $p < 0.05$ ，意味着检验获得通过，即从事农技工作年限变量的调节作用显著。也就是说，农技员从事农技工作年限变量能够显著影响感知行为控制维度自变量对"农技员在工作中对社交媒体的使用强度"的预测效果。

综上所述，对 6 个调节效应假设的检验结果，见表 15。

表 15　性别、从事农技工作年限调节效应检验情况一览

编号	假设陈述	验证与否
H11a	农技员的性别会在农技员的行为态度维度自变量与农技员在工作中对社交媒体的使用强度之间起调节作用	否
H11b	农技员的性别会在农技员的主观规范维度自变量与农技员在工作中对社交媒体的使用强度之间起调节作用	否
H11c	农技员的性别会在农技员的感知行为控制维度自变量与农技员在工作中对社交媒体使用强度之间起调节作用	否
H12a	农技员从事农技工作年限会在农技员的行为态度维度自变量与农技员在工作中对社交媒体的使用强度之间起调节作用	否
H12b	农技员从事农技工作年限会在农技员的主观规范维度自变量与农技员在工作中对社交媒体的使用强度之间起调节作用	否
H12c	农技员从事农技工作年限会在农技员的感知行为控制维度自变量与农技员在工作中对社交媒体的使用强度之间起调节作用	是

五　总结：同行交流有助于农技员在农技推广中采纳社交媒体工具

本研究旨在找出影响农技员采纳社交媒体作为农业技术推广工具的因

素，以及影响农技员在工作中对社交媒体的使用强度的因素。

（一）DTPB 的适用性以及对其延展性使用的效果得到证实

对以上两个研究对象，本文都采用了信息技术接受综合模型（DTPB）。研究结果显示，这是一个非常有效的模型，不仅可以有效预测潜在使用者是否会采纳社交媒体作为农技推广工具，而且可以有效预测农技员在工作中对社交媒体的使用强度。在本研究中，对后者的解释力甚至略优于前者，这是一个令人高兴的发现。

模型的 3 个维度自变量行为态度、主观规范、感知行为控制均是有效预测"农技员是否会采纳社交媒体作为农技推广工具"以及"农技员在工作中对社交媒体的使用强度"的变量。本研究对 DTPB 做了一些符合实际的调整。在观察变量的设置上，与原模型略有差别，如放弃使用社交媒体"感知易用性"自变量；在主观规范维度的自变量中，没有采用"同级影响""上级影响"这类观测变量，而是采用更为符合实际的行动性观测变量，如与同事、亲戚、家人、同学、农民联系的频率以及线上联系人规模这样可以更精确测量的变量。

这些符合实际的调整，也使得本研究与前人类似的研究相比有了更多有意义的发现。

（二）农技员对社交媒体的采纳，更容易受到业缘联系强度的影响

在预测"农技员是否采纳社交媒体作为农技推广工具"方面，行为态度、主观规范、感知行为控制这 3 个维度的自变量都有显著的作用。进一步比较它们的标准化回归系数可以发现，主观规范维度自变量中的业缘联系强度这一子变量一支独大。以"农技员是否会采纳社交媒体作为农技推广工具"为因变量的二元逻辑回归模型分析结果显示，其胜算比值要远远超过其他变量；而以"农技员在工作中对社交媒体的使用强度"为因变量的多元线性回归模型分析结果显示，其标准化回归系数高达 32.1%，对因变量同样有较大的影响。

（三）个体外在特征的影响甚微

本研究在 DTPB 的基础上，结合 UTAUT 的成功经验，增加性别、从事农技工作年限这两个外显变量，检验它们对因变量影响作用的显著性。

在以"农技员是否会采纳社交媒体作为农技推广工具"为因变量的二

元逻辑回归模型中，这两个变量作为控制变量对因变量的影响作用都不显著；而在以"农技员在工作中对社交媒体的使用强度"为因变量的多元线性回归模型中，本研究分别以性别、从事农技工作年限为调节变量，检验了它们与行为态度维度、主观规范维度、感知行为控制维度变量的交互对因变量的影响，结果发现，只有代表工作经验的从事农技工作年限变量在代表主观规范的业缘联系强度变量对因变量的影响中发挥调节作用。换句话说，农技员工作经验越丰富，与同事、同学以及服务对象农民的联系越频繁，就越有可能强化使用社交媒体作为农业技术推广的工具。

农技员其他个体差异，比如学历、月收入等外显变量对预测其是否采纳社交媒体作为农业技术推广工具和对社交媒体的使用强度的作用均不明显，故在最终分析中将它们剔除在外。可能的原因是农技员是一个高度同质化的群体，他们的学历水平、月收入这样一些外显变量趋同，所以不能很好地区分他们在因变量上的差异。

DTPB实际测量的农技员个体的主观感知，包括对技术特征的感知、对社会影响的感知以及对自己能力的感知，对因变量有显著的预测作用。这也符合实际情况，最近十年，互联网产业以及相关技术飞速发展，在广大农村地区，互联网使用的基础设施日益完善；终端接收设备如智能手机不断平民化；农村居民收入提高；社交媒体的操作越来越便捷，这些使得外在的物质条件在互联网特别是社交媒体的扩散中所能够产生的影响不断缩小。然而，农村居民个体的内在差异，却在对信息技术的采纳以及使用中所起到的作用越来越大。

这些发现提醒有关部门，在对农技员进行智能手机应用培训时，应该促使农技员与以业缘关系为纽带的同事、同行更多地交往，这样对提升他们利用社交媒体推广农业技术的效果，比单纯培训操作技能更好。

本研究也指明了我们下一步的研究方向。社交媒体提升了农技员的业缘联系强度，提升了他们采纳社交媒体推广农业技术的意识，提高了他们在农技推广中使用社交媒体的强度，但是，在这中间，社交媒体是如何将来自同事、同学以及服务对象农民的压力或者社会影响，传导给农技员个人，从而促使他们改变态度的？这还需要我们深入研究。关于这方面，定性研究或许是更好的选择。

参考文献

保罗·莱文森，2014，《新新媒介（第 2 版）》，何道宽译，上海：复旦大学出版社。

高启杰主编，2013，《农业推广学（第三版）》，北京：中国农业大学出版社。

何德华，2015，《农村移动商务：用户接受模型和发展策略》，北京：科学出版社。

亨利·詹金斯、伊藤瑞子、丹娜·博伊德，2017，《参与的胜利：网络时代的参与文化》，高芳芳译，杭州：浙江大学出版社。

蒋骁，2011，《电子政务公民采纳：理论模型与实证研究》，北京：经济管理出版社。

靖鸣、周燕、马丹晨，2014，《微信传播方式、特征及其反思》，《新闻与写作》第 7 期。

匡文波，2014，《中国微信发展的量化研究》，《国际新闻界》第 5 期。

刘满成，2013，《老年人采纳为老服务网站影响因素研究》，北京：经济科学出版社。

罗杰斯，2016，《创新的扩散（第五版）》，唐兴通、郑常青、张延臣译，北京：电子工业出版社。

彭兰，2015，《社会化媒体：媒介融合的深层影响力量》，《江淮论坛》第 1 期。

乔恩·德龙、特里·安德森，2018，《集群教学——学习与社交媒体》，刘黛琳、孙建华、武艳、来继文译，北京：国家开放大学出版社。

王德海主编，2013，《参与式农业推广工作方法》，北京：中国农业科学技术出版社。

王平、杨旭，1996，《浅议农业技术推广的特征》，《农村经济》第 7 期。

王文玺，1994，《世界农业推广之研究》，北京：中国农业科技出版社。

颜端武、吴鹏、李晓鹏，2017，《信息服务活动中用户技术接受行为研究》，北京：科学出版社。

杨伯溆，2000，《电子媒体的扩散与应用》，武汉：华中理工大学出版社。

张雷、陈超、展进涛，2009，《农户农业技术信息的获取渠道与需求状况分析——基于 13 个粮食生产省份 411 个县的抽样调查》，《农业经济问题》第 11 期。

Ajzen, I. 1988. *Attitudes, Personality, and Behavior.* Milton Keynes：Open University Press.

Chin, W. W. 1998. "The Partial Least Squares Approach to Structural Equation Modeling." *Modern Methods for Business Research* 295：295 – 336.

Chuanlan Liu, and Sandra Forsythe. 2010. "Sustaining Online Shopping：Moderating Role of Online Shopping Motives." *Journal of Internet Commerce* 4：83 – 103.

Cooper, R. B., and Zmud, R. W. 1990. "Information Technology Implementation Research：A Technological Diffusion Approach." *Management Science* 36（2）：123 – 139.

Davis, F. D. 1989. "Perceived Usefulness, Perceived Ease of Use, and User Acceptance of

Information Technology. " *Mis Quarterly* 13 （3）: 319 - 340.

Fishbein, M. , and Ajzen, I. 1975. *Belief, Attitude, Intention and Behavior: An Introduction to Theory and Research.* Reading, MA: Addison-Wesley.

Hui, M. K. , and Bateson, J. E. G. 1991. "Perceived Control and the Effects of Crowding and Consumer Choice on the Service Experience. " *Journal of Consumer Research* 18 （2）: 174 - 184.

Karahanna, E. , Agarwal, R. and Angst, C. M. 2006. "Reconceptualizing Compatibility Beliefs in Technology Acceptance Research. " *Mis Quarterly* 30 （4）: 781 - 804.

Lai, V. S. , and Li, H. 2005. "Technology Acceptance Model for Internet Banking: An Invariance Analysis. " *Information and Management* 42 （2）: 373 - 386.

Ramirez and Ana. 2013. "The Influence of Social Networks on Agricultural Technology Adoption. " *Procedia-Social and Behavioral Sciences* 79: 101 - 116.

Rogers, E. M. 1963. *Diffusion of Innovations*, New York: Free Press.

Schwarz and Andrew. 2003. "Defining Information Technology Acceptance: A Human-centered, Management-oriented Perspective. " PhD diss. , University of Houston.

Taylor, S. and Todd, P. A. 1995. "Understanding Information Technology Usage: A Test of Competing Models. " *Information Systems Research* 6 （2）: 144 - 176.

Van den Ban, A. W. and Hawkins, H. S. 1996. *Agricultural Extension.* Wageningen: Wageningen University and Research Center Publications.

Venkatesh, V. and Bala, H . 2008. "Technology Acceptance Model 3 and a Research Agenda on Interventions. " *Decision Sciences* 39 （2）: 273 - 315.

Venkatesh, V. and Davis, V. F. D. 2000. "A Theoretical Extension of the Technology Acceptance Model: Four Longitudinal Field Studies. " *Management Science* 46 （2）: 186 - 204.

Venkatesh, V. , Morris, M. G. , Davis, G. B. 2003. "User Acceptance of Information Technology: Toward a Unified View. " *Mis Quarterly* 27 （3）: 425 - 478.

Wu, F. , Mahajan, V. and Balasubramanian, S. 2003. "An Analysis of E-business Adoption and Its Impact on Business Performance. " *Journal of the Academy of Marketing Science* 31 （4）: 425 - 447.

社交媒体对绿色农技推广的影响及相关调节作用

国家每年为推广先进农业技术尤其是绿色农业技术耗费巨资，广大基层农业技术推广人员为提高农业技术推广效果也不遗余力。如何更好地提升农技推广效率，一直受到各界关注。本课题组分别于 2015 年和 2019 年问卷调查 951 名和 236 名农技员，并利用结构方程模型进行分析，结果显示，随着时间的推移，社交媒体在提升绿色农业技术推广效果方面的作用越来越显著，对推广效果的解释力从 2.6% 上升到 11.1%。课题组对性别、学历、年龄、收入、地域、对使用手机上网的满意度、创新性、媒介使用能力、对绿色农技信息需求程度、对自身形象感知等变量进行调节效应假设的检验，结果发现：在利用社交媒体提高绿色农技推广效率方面，40 岁及以下的农技员做得最好，女性农技员比男性农技员表现优异得多；农技推广绩效越高的县的农技员表现越好；创新性较强、对自身形象感知较好、媒介使用能力较强的农技员更加出色。

一 意义：社交媒体使用给绿色农技推广带来利好

成熟的绿色农业技术，比如测土配方施肥技术、绿色农药的推广使用，一方面可以帮助农民更好地适应市场对高质量农产品的需求，实现增产增收；另一方面符合可持续发展的需要，有利于加快发展环境友好型农业。绿色农业技术是国家近年来重点推广的先进农业技术。事实上，由于农民对绿色农业技术的认知水平有限以及受到传统种植习惯的影响，其对绿色农业技术的接受和采纳过程并非一帆风顺，甚至有时因为对技术掌握不到位影响到农作物产量，农民产生抵触情绪。

这意味着，农技推广机构在推广绿色农业技术时，需要农技员做大量的沟通和说服工作。在农技推广队伍因为"市场化、财政分灶吃饭"而面临机构被撤并、经费被缩减的今天（刘振伟、李飞、张桃林，2013：4），这一任务显得尤其艰巨。基层农技人员工资待遇偏低，绩效工资不能完全落实，优秀人才难以引进，队伍普遍老化，运行机制不规范。基层农技推广机构设施条件落后，工作经费不足，试验示范、检验检测、进村入户等日常工作难以开展（刘振伟、李飞、张桃林，2013：297）。

在这一背景下，社交媒体的出现以及其在农业技术推广领域的运用，给绿色农业技术推广工作带来一抹亮色。农业技术推广就是通过传播、说服、引导农民改变农业生产行为的过程（李季、任晋阳、韩一军，1996）。根据信息传播方式的不同，传统农业技术推广方法主要分为大众传播法、集体指导法和个别指导法（高启杰，2013：71）。大众传播所依赖的媒介主要包括如报纸、杂志、墙报、黑板报、书籍、广播、电视、录像、电影等，大多数农技员不能掌握大众传播法，更谈不上熟练运用，而由于沟通效率偏低和沟通成本偏高，集体指导法和个别指导法覆盖面有限。

21世纪初，QQ、微信、微博以及其他社交媒体出现在人们生活中，并向农村地区大规模渗透。到2018年底，我国农村网民规模为2.22亿，占整体网民的26.7%，互联网普及率在农村地区已经达到38.4%（中国互联网络信息中心，2019）。

随着社交媒体的影响力越来越大，传统行业的各种商业模式都在发生变革性变化，以至于没有哪个行业敢忽视社交媒体的存在。正如马化腾等所说："如果我们错失互联网的使用，就好比第二次工业革命时代拒绝电能。"（马化腾等，2015：3）如今，互联网特别是移动互联网的应用越来越广泛，无论是在教育培训领域，还是在社会营销等与农业技术推广联系较为密切的领域，社交媒体都表现得非常出色。

在教育培训领域，社交软件的蓬勃发展，正开拓出前所未有的无限可能（德龙、安德森，2018：27-31）。在线课程大规模开放并提供社交互动工具，围绕这些课程，涌现出由社交团队和网络形成的庞大的生态系统，人们在其中互帮互学，交换意见和看法。

而在社会营销领域，人们创造性地使用社交媒体和移动通信技术，使其更好地融入百姓生活、服务民生。如此一来，社会营销将在大范围内更有效地带来人们行为方式以及社会的变革（李、科特勒，2018：410）。

在农业技术推广领域，社交媒体的普及会给农业技术特别是绿色农业技术推广工作带来怎样的效果，就是本研究主要探讨的问题。

课题组采用分层整体抽样法，于 2015 年将湖北 105 个涉农县，根据农业技术推广绩效水平，分为高、中、低三个层次，并选择 12 个样本县，对 951 名农技员进行问卷调查。2019 年，课题组又根据所属县农业技术推广绩效水平，对 236 名农技员进行问卷调查，进一步验证相关的假设以及理论模型的适用性。

本研究重点聚焦社交媒体的使用，对于提升绿色农业技术的推广效果是否有显著作用，并在此基础上检验农技员的个体差异（比如性别、年龄、学历、收入等人口统计学上的差异），创新性、媒介使用能力、对自身形象感知、对绿色农技信息需求程度（行为意愿）等个体的能力及认知变量上的差异，所属县农技推广绩效水平以及对使用手机上网的满意度等外在变量上的差异，是否在农技员使用社交媒体推广绿色农技过程中起到调节作用。

二　理论：社会营销与说服模型/理论

（一）农技推广和社会营销

农业技术推广（简称农技推广）是指通过试验、示范、培训、指导以及咨询服务等，把农业技术普及应用于农业产前、产中、产后的全过程的活动（刘振伟、李飞、张桃林，2013：31）。一般而言，农业技术推广就是通过一定的方式，以改良农民的农业生产技术、提高农业生产水平为目标，以技术指导为核心的一种社会活动。也有研究者认为，农业技术推广是一个信息传递过程，在此过程中，农业技术推广人员与农民在一定的社会背景下，利用适当的渠道（方式和方法）相互传递信息、交流和影响，以达到信息共享、相互理解、自愿改变思想和行为的目的（刘恩财、谢立勇，2014：84 - 85）。高启杰（2013：6）认为，现代农业技术推广工作是一项旨在开发人力资源的涉农教育与咨询服务的工作。农业技术推广人员通过沟通和其他相关方式、方法，组织和教育农民，使其增长知识，提高技能，改变观念与态度，采用和传播创新技术，并获得自我组织与决策能力，解决面临的问题。其最终目标是培育新型农民、促进农业与农村发展、增加农村社会福利。

我国农民的科技素质不高，组织化程度较低，特别需要对其大力推广先进的农业技术，普及农业科学知识，加快农业科技成果的转化应用，从而推动农业生产方式的转变，实现传统农业向现代农业的转变。

农业技术推广的本质是一种社会营销（罗杰斯，2016：87）。社会营销是"一个运用市场营销原理和技巧来影响目标受众行为，确保造福社会和个人的过程。社会营销凭借创造、沟通、传达和交换福利，最大限度地为个人、客户、合作伙伴和全社会带来正面价值"（李、科特勒，2018：1）。更多关于"社会营销"的阐述有："社会营销力图发展营销概念并将其与其他手段整合，以期改变目标受众行为，惠及个人和社区，更多地造福社会"；"社会营销是指对商业营销原理和社会变革干预工具进行运用，其主要目的是维护公共利益"；"社会营销是实现社会创新的一种规划手段"；"社会营销运用市场营销原理和技巧来提升人们对用于改变目标受众或整个社会健康或福利的行为的采纳度"（李、科特勒，2018：10）。

对"农技推广"和"社会营销"的概念进行比较，可以基本认定，"农技推广"应归属于"社会营销"的范畴。两者同属于公益性质，其主要目的是维护公共利益，影响目标受众的自发行为，可以采用的手段有商业营销策略、术语等。

跟社会营销一样，农技推广也是劝服传播在实际生活中的典型应用（霍夫兰、贾尼斯、凯利，2015：5）。农业技术推广人员（简称农技员）需要通过各种形式的说服活动来促使那些惧怕风险、承担不起高额成本的农民采用先进农业技术，从而提升现有农业生产水平，生产更有价值和更有市场前景的农产品，提高农民的收入。

本研究所指的农技员，即罗杰斯创新扩散理论中的"变革代表"，他们是一种专业人士，试图朝自己认为正确的方向影响人们的决定。变革代表常常利用地方意见领袖来协助某项创新的推广（Severin and Tankard，2006：182）。

（二）说服模型/理论及相关研究

如何更好地提升说服行为的效果，具体到本研究，就是农技员如何通过说服活动来促进农民对先进农业技术的了解和采纳，这一直是传播领域学者们的研究目标。在这方面所取得的理论成果，也是传播学界对社会发展最有价值的贡献之一。

霍夫兰等人通过传播实验来观察态度和行为的改变。他们的研究表明，信源的高度可信性，可以有效改变被说服者的态度，群体的规则能够影响人们拒绝或者接受新观点（霍夫兰、贾尼斯、凯利，2015：217）。卡茨、拉扎斯菲尔德（2016：135）的研究表明，生命周期或者说年龄、社会经济地位、合群性是预测一个人是否能够成为意见领袖的重要指标。意见领袖是"说服别人的人"（卡茨、拉扎斯菲尔德，2016；余红，2010：28）。

这些学者关于传播与说服的研究，为后来的研究奠定了基础，也启发了思维，开辟了新的研究路径和研究领域。随着商品经济的发展，市场竞争越来越激烈，关于商业机构如何劝服消费者的研究变得越发重要而且越发紧迫。

在21世纪前后，出现了一大批从不同角度来研究如何提升说服效果的模型/理论，从传播者的角度来说，主要有精细加工可能性模型、态度可获得性理论、涵化理论、社会濡染理论、社会学习理论、说服整合模型等。

其中，精细加工可能性模型（Petty and Wegener，1999；Petty and Cacioppo，1999；达尔，2018：43）归纳出说服个体的两条不同路线：核心路线和外围路线。核心路线是替消费者进行信息加工，让消费者认真考虑说服性的沟通内容，走的是理性说服的路线。因此，在核心路线中，态度改变与否取决于内容说服力的强弱。通常，说服者会强调信息与被说服者之间的关联性。而外围路线是依靠特定情境中的表面线索对信息做出反应。比如，广告商希望消费者被兜售产品的明星的热情所打动，而不希望消费者认真思考需要购买产品的各种理由。

态度可获得性理论（Fazio，1995；格里格、津巴多，2003：495）认为，当态度很容易获得时，行为更可能与态度保持一致。当一种态度被个体经常听到，或者态度基于某种直接经验时，该种态度就比较容易被获得。

涵化理论（Gerbner，et al.，1980；Severin and Tankard，2006：231；

达尔, 2018: 45) 原本是用来解释为什么看电视节目的人会对现实的看法发生扭曲, 即使人们知道电视节目是虚构的, 这种效果也在起作用。尽管涵化理论诞生在传统媒体时代, 但是在社交媒体时代同样起作用, 因为相比于传统媒体时代, 社交媒体时代内容的消费更加方便。

社会濡染理论 (Bulte and Wuyts, 2007; 达尔, 2018: 61) 揭示了一种社交现象, 即决策受到社交的影响。导致濡染效应产生的关键原因是个体与其他群体成员频繁地交流和接触。接触得越多, 濡染的速度就越快。社会濡染包括两种类型: 一种是社交接触, 这是经典濡染形式; 另一种是个体通过观察来学习, 个体或组织会通过对比与他们相似的个人或组织来进行自我评价, 或者自发学习、模仿。

社会学习理论 (Bandura, 1986; Severin and Tankard, 2006: 239; 达尔, 2018: 74) 对社会濡染理论做了进一步的阐释。人类通过观察别人的各种行为来学习, 并且受到认知因素、行为因素和环境因素的影响。其中, 认知因素包括知识、预期和态度, 行为因素包括技能和自我效能感知, 环境因素则是指对社会文化规范或者社会风气、社会压力的感知。这三个方面相互作用, 共同构成导致人们态度和行为改变的影响因素。

说服整合模型 (Meyers-Levy and Malaviya, 1999; 达尔, 2018: 100) 是在精细加工可能性模型基础上进一步提出, 个体有可能通过潜意识来加工处理信息。比如, 一般消费者并不关注广告, 但是广告频繁播出, 则可能会引起其态度的改变。所以, 要想使个体改变态度, 必须要将其暴露在可能引起其态度改变的信息之中。

(三) 媒介与农技推广效果

对上述说服模型/理论的归纳和总结可以发现, 无论是哪种模型/理论, 媒介在其中所扮演的角色都是不可忽视的。

比如精细加工可能性模型、态度可获得性理论、说服整合模型都以大众媒介 (如电视、报纸、杂志) 上的平面广告为研究案例来观察商业营销行为中商家是如何说服消费者的。换句话说, 说服最终效果是通过对大众媒介的使用来实现的。而涵化理论则是在直接观察电视对观众影响的基础上发现的。社会濡染理论和社会学习理论的背后也包含对大众媒介影响的研究。比如社会学习理论认为, 大众媒介传播的许多效果是通过社会学习实现的。

事实上，对于大众媒介在说服过程中所起的作用，在霍夫兰等的《传播与劝服：关于态度转变的心理学研究》，拉扎斯菲尔德等的《人民的选择：选民如何在总统选战中做决定》、《人际影响：个人在大众传播中的作用》以及罗杰斯的《创新的扩散》中都有所描述，尤其是拉扎斯菲尔德等的二级传播论影响深远。这一经典研究成果表明：大众传播往往通过两个过程向受众传递信息。意见领袖读报和听广播之后，会将过滤的少量观点和信息传递给那些不太活跃的人（拉扎斯菲尔德、贝雷尔森、高德特，2012：8）。而罗杰斯则认为，大众传播和人际传播结合，是传播新观念和说服人们利用这些创新方法的有效途径，"大众传播在创新认知阶段效果比较好，而人际传播在说服阶段的效果比较好"（罗杰斯，2016：208）。

前面已经论证，农业技术的推广过程实际上也是一种说服的过程，因此本研究提出如下假设：

H1：大众媒介的使用对绿色农技推广效果有显著影响。

H1a：电视的使用对绿色农技推广效果有显著影响。

H1b：广播的使用对绿色农技推广效果有显著影响。

H1c：报纸的使用对绿色农技推广效果有显著影响。

H1d：杂志的使用对绿色农技推广效果有显著影响。

进入移动互联网时代，社交媒体的出现彻底改变了现有的传播格局，出现媒介向人性化回归的趋势，两位著名学者为此欢呼。一位是保罗·莱文森，他在《人类历程回放：媒介进化论》中说，媒介进化具有人性化趋势，演变的方向与人类自然沟通方式越来越近（莱文森，2017：2）。另一位是汤姆·斯丹迪奇，他说，社交媒体和"老媒体"（指大众媒介，如报纸、广播、电视等）不一样，但和"真正的老媒体"（指咖啡馆、口头传播等）相差无几（斯丹迪奇，2015：353）。

对于什么是社交媒体，一个广为人知的定义是"一组以 Web 2.0 的理念和技术为基础的，可以创建并交换用户生成内容的互联网应用程序"（Kaplan and Haenlein，2010：61）。对于社交媒体的优势，除了前面提到的回归人类沟通的本来面目之外，还有及时、能够利用目标受众的网络、拓展视野、个性化、对信息进行强化、促进合作、影响期望行为（李、科特勒，2018：407）。从这个意义上说，社交媒体不仅涵盖了传统媒体的大部分功能，还有很多传统媒体无法企及的优势。可以推测，社交媒体在说服过程中的使用，应该能大大提高说服效果。

不仅如此，综合前面所提到的说服模型/理论可以发现，在说服过程中，更广范围、更高频次、更深层次的沟通是大多数说服模型/理论能够最终发挥作用并取得效果的关键所在。相比于传统媒体，社交媒体在这方面显然有得天独厚的优势。

由此，本研究提出如下假设：

H2：社交媒体的使用对绿色农技推广效果有显著影响。

（四）个体差异在行为变革中的调节作用

前文我们提出两组需要验证的假设，即大众媒介的使用和社交媒体的使用对绿色农技推广效果有显著影响。但是，在现实中，这一过程还会受到其他很多因素的干扰。

农技员的个体差异就是重要的干扰因素，它分为内在变量和外在变量两种。内在变量包括性别、收入、学历、年龄等人口统计学变量，使用社交媒体推广农技的行为意愿、媒介使用能力、创新性、对自身形象感知等。外在变量包括对使用手机上网的满意度、所在县农技推广绩效水平等。

按照温忠麟等的说法，如果社交媒体使用与绿色农技推广效果之间的关系，受到第三个变量如农技员个体差异的影响，那么农技员个体差异就是调节变量，而且可以判断，这三个变量之间存在调节效应（温忠麟、刘红云、侯杰泰，2012：81）。

事实上，前人的研究中也有一些证明了这些个体的内在差异以及外在因素对行为变革的影响是存在的，即调节效应存在。

罗杰斯认为，农业创新推广人员作为农业技术推广领域的意见领袖，其最主要的作用是将最近引进或者研发的创新成果成功地推广给扩散对象。

这种沟通模式要想奏效，需要创新推广人员帮助客户发现改变的需求，与客户交换信息，激发客户改变的意愿，并将意愿转换为行动（罗杰斯，2016：393）。按照罗杰斯的观点，农技员用社交媒体取代传统媒体来推广农技，本身就是行为的变革，亦是一种创新行为。这些都对农技员的素质提出了较高要求，而该素质首先指农技员的知识储备。

"知识是所有社会角色的先决条件"（兹纳涅茨基，2012：B），这里的知识包括通识知识和专业能力。知识上的差异，显然会影响到农技员是否会在农技推广中合理使用社交媒体，继而影响到绿色农技推广效果，也就是影响到农技员意见领袖作用的发挥。同样，年龄、性别的差异（卡茨、拉扎斯菲尔德，2016：4），受教育程度、收入水平等社会经济地位的差异（Severin and Tankard，2006：176）也会影响到农技员是否使用以及如何使用社交媒体来进行农技推广。

此外，南希·R.李和菲利普·科特勒认为，促使行为变革必须具备的条件包括：实施者必须具有积极的意愿，具有行为变革所需要的能力，对行为变革有感知收益，行为变革与自身形象感知吻合，环境基础设施必须完善等（李、科特勒，2018：233）。这些条件有可能在社交媒体使用与绿色农技推广效果中起到调节作用。

据此，本研究提出如下假设：

H3：个体差异在社交媒体使用与绿色农技推广效果中起调节作用。

H3a：性别差异在社交媒体使用与绿色农技推广效果中起调节作用。

H3b：年龄差异在社交媒体使用与绿色农技推广效果中起调节作用。

H3c：学历差异在社交媒体使用与绿色农技推广效果中起调节作用。

H3d：收入差异在社交媒体使用与绿色农技推广效果中起调节作用。

H3e：媒介使用能力差异在社交媒体使用与绿色农技推广效果中起调节作用。

H3f：创新性差异在社交媒体使用与绿色农技推广效果中起调节作用。

H3g：个体行为意愿差异在社交媒体使用与绿色农技推广效果中起调节作用。

H3h：对自身形象感知差异在社交媒体使用与绿色农技推广效果中起调节作用。

H3i：地域差异在社交媒体使用与绿色农技推广效果中起调节作用。

H3j：对使用手机上网的满意度差异在社交媒体使用与绿色农技推广效果中起调节作用。

（五）绿色农业技术及其推广

本研究的因变量是绿色农业技术的推广效果。绿色农业技术又称有机农业技术，是按照有机农业生产标准，在生产中不采用基因工程技术获得的生物和产物，不使用化学合成的农药、化肥、生长调节剂、饲料添加剂等物质，遵循自然规律和生态学原理，协调种植业和养殖业平衡，采用一系列可持续发展的农业技术（中国农学会，2011：1）。

绿色农业技术的类型较多，本文主要介绍两种，即绿色农药和测土配方施肥技术。绿色农药又称生物农药，是指直接利用自然生态中有益生物或者从某些生物中提取或者制造具有杀虫、防病作用的生物制剂，如植物源类杀虫剂、细菌和真菌类杀虫剂、昆虫寄生线虫等（《现代农业科技干部读本》编写组，2004：137）。测土配方施肥技术是指以土壤测试和肥料田间试验为基础，根据作物需肥规律、土壤供肥性能和肥料效应，在合理施用有机肥料的基础上，提出氮、磷、钾及中、微量元素等肥料的施用数量、施肥时期和施用方法。采用测土配方施肥技术能够降低化肥使用量，减少成本，更重要的是可以降低消费者由于长期食用品质低下或者含有化学残留的农产品而罹患各种疾病的风险（储成兵，2019）。

大力发展绿色农业技术，显然是为了避免现代农业大量投入化肥、农药等农用化学品。化肥、农药的使用在大幅度提高农作物产量的同时，也带来种种环境问题和食品安全问题，如土壤遭到侵蚀，土壤肥力下降，地下水得不到补充，土壤和水体受到有毒物质污染，农田丧失生物多样性。

绿色农业技术就是在这个背景下产生的，其特点是生态、环保、安全、健康（中国农学会，2011：1）。

关于推广效果，罗伯特·拉维奇和加里·思泰纳斯在20世纪60年代提出了效果层次模型。该模型将潜在消费者从第一眼看到产品推广信息，到最终购买使用产品的过程，分为意识到产品的存在、对产品有更多的了解、对产品有好感、青睐产品、确信想要产品和购买产品6个阶段（李、科特勒，2018：231、241）。

20世纪80年代，普罗查卡和迪克莱蒙蒂等人提出了行为改变阶段模型，将个体行为改变阶段分为6个，分别是未考虑期、考虑期、准备期、行动期、维持期和终止期。他们认为，社会营销对个体行为最具有影响力的阶段是考虑期、准备期和行动期（李、科特勒，2018：221）。

综上，本研究将特定类型的绿色农业技术推广效果分为了解、即将采纳、采纳三个层次。

三　研究：统计描述与结构方程模型

（一）样本的采集

在样本选取上，课题组以农业科教大省湖北为研究对象，通过与湖北省农业厅（2018年11月改组为湖北省农业农村厅）科教处合作，获得该省2013年105个涉农县（市、区）（简称县）农业技术推广绩效考核的数据，并将其分为低绩效县、中绩效县、高绩效县。

2015年底，课题组在这3个不同层次的县内各随机抽取4个—共12个县作为样本，对这12个县共200多个乡镇农技站的农技员进行整体抽样。在各级农业部门的协助下，研究人员共发放问卷1300份，回收980份，剔除29份无效问卷，剩余951份有效问卷，有效回收率73%，详见表1。

表1　有效样本的地域分布情况（2015年数据）

单位：个，%

所属县	2013年绩效考核情况	样本数量	占比
武穴	高绩效	108	11.4

所属县	2013 年绩效考核情况	样本数量	占比
保康	高绩效	85	8.9
宜都	高绩效	70	7.4
大冶	高绩效	126	13.2
红安	中绩效	63	6.6
沙洋	中绩效	53	5.6
东西湖	中绩效	83	8.7
黄陂	中绩效	89	9.4
仙桃	低绩效	55	5.8
赤壁	低绩效	117	12.3
通城	低绩效	68	7.2
龙感湖	低绩效	34	3.6
总计		951	100.0

2019 年 3 月，为了进一步验证相关假设，课题组利用湖北省农业农村厅举办农技员知识更新培训班的机会，对农技员进行问卷调查。仍然按照 2013 年全省涉农县农业技术推广绩效考核的数据，在高绩效县、中绩效县和低绩效县中各随机抽取 100 名农技员，作为问卷调查的对象。研究人员共发放问卷 300 份，回收 250 份，剔除 14 份无效问卷，剩余 236 份有效问卷，有效回收率 78.7%（详见表 2），符合结构方程模型对于样本数量的要求（吴明隆，2010a：5）。

表 2　有效样本的地域分布情况（2019 年数据）

单位：个，%

所属县	样本数量	占比
高绩效县	79	33.5
中绩效县	81	34.3
低绩效县	76	33.2
总计	236	100.0

（二）模型的建构

本研究将绿色农业技术推广效果（简称绿色农技推广效果）作为因变

量，将绿色农技推广中社交媒体的使用（简称社交媒体使用）作为自变量，以大众媒介的使用——电视的使用（日均电视收看时长）、广播的使用（日均广播收听时长）、报纸的使用（每周阅读报纸频率）、杂志的使用（每周阅读杂志频率）——为控制变量建立结构方程模型，见图1。

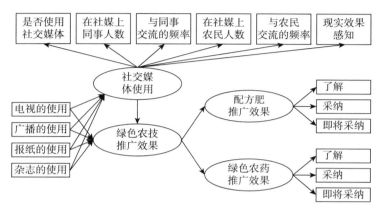

图 1　绿色农技推广效果结构方程模型

1. 因变量：绿色农技推广效果

本研究以绿色农技推广效果为二阶潜变量，以配方肥推广效果、绿色农药推广效果两个潜变量为一阶潜变量，构筑二阶测量模型（CFA），见图2。其中，二阶潜变量绿色农技推广效果为因，一阶潜变量配方肥推广效果、绿色农药推广效果为果。

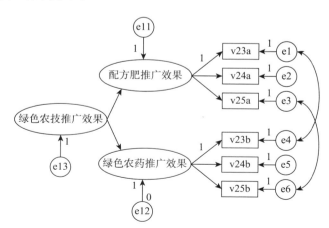

图 2　以绿色农技推广效果为潜变量的二阶测量模型

潜变量配方肥推广效果和绿色农药推广效果各有 3 个观测题项。6 个观测题项的名称、代码以及描述性统计结果见表 3。观测题项的选项均为：1 = 10%，2 = 20%，3 = 30%，……，9 = 90%，10 = 100%。

表 3　绿色农技推广效果 CFA 模型观测题项的相关情况

一阶潜变量		代码	观测题项	均值	标准差	多元相关系数平方 R^2
绿色农技推广效果	配方肥推广效果	v23a	了解配方肥技术的比例	6.74	2.76	0.676
		v24a	采纳配方肥技术的比例	6.47	2.80	0.932
		v25a	即将采纳配方肥技术比例	6.87	2.68	0.745
	绿色农药推广效果	v23b	了解绿色农药的比例	6.56	2.57	0.640
		v24b	采纳绿色农药的比例	6.39	2.56	0.920
		v25b	即将采纳绿色农药的比例	6.80	2.53	0.695

对 6 个观测题项进行探索性因子分析（EFA），KMO 值为 0.750，Bartlett 球形检验显著，表明该数据适合做因子分析。探索性因子分析还发现，6 个观测题项的因子载荷接近或者大于 0.7，显示量表有较好的聚合效度（Chin，1998；杜智涛、徐敬宏，2018：27）。

对于绿色农技推广效果 CFA 模型，课题组采用稳健极大似然估计法（MLR），并采用固定因子载荷法，将绿色农药推广效果潜变量的路径系数固定为 1，同时将各一阶潜变量第一个观测题项固定为 1。该 CFA 模型的 CFI≥0.9，TLI≥0.9，SRMR≤0.08，RMSEA≤0.08，表明该模型的拟合程度较好。6 个观测题项的多元相关系数平方 R^2 最小为 0.640，最大为 0.932，均大于 0.50，表明这 6 个观测题项的个别项目信度佳（吴明隆，2010a：338）（见表 3）。

2. 自变量：社交媒体使用

本研究以潜变量社交媒体使用为自变量。根据前文总结的现有研究成果以及本研究的实际情况，用 3 个观测题项来对其进行测量。题项 1 "是否使用社交媒体推广农业技术"，951 人中有 728 人给予肯定回答。题项 2 "在社交媒体上交流的同事人数"，由于该数据的分布极大偏离正态性，因此在将其代入结构方程模型时，对其进行取对数处理。题项 3 "利用社交媒体与同事交流的频率"，选项 1~5 分别为完全不用、偶尔用、有时用、经常用、天天用。题项 4 "在社交媒体上服务的农民人数"，由于该数据的分布极大偏离正态性，同样对其进行取对数处理。题项5"利用社交媒体与农民交流的频率"，选项1~5分别为完全不用、偶尔用、有时用、经常用、天天用。题项6"利用社交媒体推广农技的现实效果感知"，该题项由"对使用QQ的效果感知""对使用微信的效果感知""对使用其他社媒的效果感知"3个小题项构成，经过探索性因子分析，发现3个小题项的KMO值为0.696，Bartlett球形检验显著，适合提取公因子。因此，对3个小题项进行加总平均处理，得出"利用社交媒体推广农技的现实效果感知"分值，并将其代入结构方程模型。

对潜变量社交媒体使用进行探索性因子分析发现，KMO值为0.783，Bartlett球形检验显著，表明该数据适合做因子分析。探索性因子分析还发现，6个观测题项的因子载荷均大于0.3，符合公因子提取较低标准的要求（吴明隆，2010b：220）。潜变量社交媒体使用观测题项的相关情况见表4。

表4　潜变量社交媒体使用观测题项的相关情况

潜变量	代码	观测题项	均值	标准差
社交媒体使用	v29	是否使用社交媒体推广农业技术	0.77	0.42
	v30	在社交媒体上交流的同事人数（人）	38.81	53.18
	v31	利用社交媒体与同事交流的频率	3.10	0.98
	v32	在社交媒体上服务的农民人数（人）	17.00	37.70
	v33	利用社交媒体与农民交流的频率	2.75	1.00
	v34x	利用社交媒体推广农技的现实效果感知	2.21	0.51

3. 控制变量：大众媒介使用

本研究以大众媒介使用，包括日均电视收看时长、日均广播收听时长、每周阅读报纸频率、每周阅读杂志频率为控制变量，并将其直接代入结构方程模型。其中，每周阅读报纸频率的选项0~7分别为几乎不看、每周1次、每周2次、每周3次、每周4次、每周5次、每周6次、每周7次，每周阅读杂志频率的选项与报纸相同。由于农技员的日均电视收看时长与日均广播收听时长均呈现非正态分布，因此在将其代入结构方程模型时，分别对其进行取对数处理。大众媒介使用变量的统计描述见表5。

表5 大众媒介使用变量的统计描述

代码	观测题项	均值	标准差
v6a	日均电视收看时长（小时）	1.80	1.11
v6b	日均广播收听时长（小时）	0.19	0.54
v7a	每周阅读报纸频率（次）	3.73	2.13
v7b	每周阅读杂志频率（次）	2.73	1.61

4. 调节变量

（1）性别。

农技员的性别分布情况详见表6。

表6 农技员性别分布情况

单位：人，%

性别	人数	占比
男	707	74.3
女	244	25.7
总计	951	100.0

（2）年龄。

按照年龄的不同，将农技员分为40岁及以下、41~48岁、48岁以上三个层次，详细数据分布情况见表7。

表7 农技员年龄分布情况

单位：人，%

年龄	人数	占比
40岁及以下	151	15.9
41~48岁	381	40.1
48岁以上	419	44.1
总计	951	100.0

（3）学历。

按照学历的不同，将农技员分为高中及以下、大专、本科及以上三个层次，详细数据分布情况见表8。

表8 农技员学历分布情况

单位：人，%

学历	人数	占比
高中及以下	212	22.3
大专	519	54.6
本科及以上	220	23.1
总计	951	100.0

（4）收入。

按照月收入的不同，将农技员分为三个档次，详细数据分布情况见表9。

表9 农技员月收入分布情况

单位：人，%

月收入	人数	占比
2000元及以下	266	28.0
2001~4000元	613	64.5
4001元及以上	72	7.5
总计	951	100.0

（5）地域。

农技员所属地域的差异，会导致他们使用社交媒体进行农技推广效果的差异，尤其是在其所属县农技推广绩效有显著差异的时候。本研究将农技员地域分为低绩效县、中绩效县、高绩效县，详细数据分布情况见表10。

表10 农技员地域分布情况

单位：人，%

所属县	人数	占比
低绩效县	274	28.8
中绩效县	288	30.3
高绩效县	389	40.9

所属县	人数	占比
总计	951	100.0

（6）创新性。

根据罗杰斯的观点，在扩散研究领域，创新性是指个人（或其他采用者）比体系中其他成员更早接受创新的程度（罗杰斯，2016：283）。罗杰斯按照创新采纳时间的先后，以及不同时间采纳创新者的人数，绘制出趋向正态分布的 S 形曲线，利用平均值 $\bar{x}$（创新扩散的平均采纳时间）和标准差 SD 这两个统计指标将呈现正态分布的创新采用者分为创新先驱者、早期采用者、早期大众、后期大众、落后者 5 大类别（罗杰斯，2016：296）。本研究采用罗杰斯的分类方式，按照农技员使用社交媒体的先后顺序将农技员分为以上 5 大类别，详细数据分布情况见表 11。

表 11　农技员创新性分布情况

创新性类型	社交媒体使用年限（年）	人数（人）	占比（%）
落后者	少于 1.28	212	22.3
后期大众	1.28~5.34	312	32.8
早期大众	5.34~9.40	255	26.8
早期采用者	9.40~13.46	130	13.7
创新先驱者	超过 13.46	42	4.4
总计		951	100.0

（7）对绿色农技信息需求程度（行为意愿）。

按照理性行为理论，预测个人行为变革最好的指标是其实施行为的意愿（李、科特勒，2018：225，233）。结合使用与满足理论可以得知，个体感知到的需求程度，是决定行为意愿的重要测量指标。因此，本研究是以农技员对绿色农技信息需求程度为行为意愿的测量指标。

本研究列举了 6 条与绿色农技相关的信息，分别询问农技员是否缺乏该信息，并要求其勾选。勾选越多，被认为需求程度越强烈。然后，根据勾选的情况将农技员分为三个层次，分别是对绿色农技信息需求程度较低、需求程度一般和需求程度较高，详细数据分布情况见表 12。

表 12　农技员对绿色农技信息需求程度分布情况

单位：人，%

对绿色农技信息需求程度	人数	占比
较低	137	14.4
一般	421	44.3
较高	393	41.3
总计	951	100.0

（8）媒介使用能力。

媒介使用能力作为现代媒介素养的重要内涵，已经成为个体现代性的一种体现。媒介使用能力可以体现为获得媒介影响过程的控制权（波特，2012：329）。如何测量媒介使用能力？本研究通过询问农技员在农技推广中是否使用过报纸、广播、电视、手机短信、QQ、微博、微信这 7 种媒介工具来观察他们的媒介使用能力。使用种类越多，说明其媒介使用能力越强。然后，按照媒介使用种类多寡的情况，将农技员分为三个层次：媒介使用能力较弱、媒介使用能力中等、媒介使用能力较强，详细数据分布情况见表 13。

表 13　农技员媒介使用能力分布情况

单位：人，%

媒介使用能力	人数	占比
较弱	255	26.8
中等	524	55.1
较强	172	18.1
总计	95i	100.0

（9）对自身形象感知。

根据科特勒等人的观点，个体如果认为实施目标行为与其自身形象较为吻合，或者实施目标行为不会违反个人行为准则，不会对个人形象造成不良影响，就会促使个体态度和行为的改变（李、科特勒，2018：233）。根据该理论，本研究测试了农技员对自身形象感知。

农技员如何看待自己在服务对象农民那里的形象？本研究以"你认为

农民获取农业技术最重要的渠道是什么?"为观测题项,并提供 7 个可供选择的对象,包括"亲友邻居交流""科技文化下乡""讲座培训""技术示范观摩""高校或者科研院所""农资经营店""农技推广部门",让农技员按照重要程度排序。"农技推广部门"排名越靠前,说明农技员对自身形象感知越好。然后对排序情况重新编码,将"农技推广部门"排名第一位的,编码为"对自身形象感知较好";将"农技推广部门"排名第二位、第三位的,重新编码为"对自身形象感知一般";将"农技推广部门"排名第四位到第七位的,重新编码为"对自身形象感知较差",详细数据分布情况见表 14。

表 14　农技员对自身形象感知分布情况

单位:人,%

对自身形象感知	人数	占比
较差	200	21.0
一般	210	22.1
较好	541	56.9
总计	951	100.0

(10)对使用手机上网的满意度。

环境,例如基础设施建设,如果有利于目标行为的实施,那么将对个体的行为变革起到助推作用;否则,环境就会妨碍个体的行为产生变革(李、科特勒,2018:233)。据此,本研究通过测试农技员对使用手机上网的满意度来衡量影响农技员在绿色农技推广中采用社交媒体的环境作用,将农技员对使用手机上网的满意度分为较低、一般、较高,详细数据分布情况详见表 15。

表 15　农技员对使用手机上网的满意度分布情况

单位:人,%

对使用手机上网的满意度	人数	占比
较低	68	7.2
一般	436	45.8
较高	447	47.0
总计	951	100.0

四 发现：社交媒体能有效提升绿色农技推广成效

（一）结构方程模型的拟合度和量表的信度、效度检验

课题组以 2015 年抽取的 951 个样本数据为研究对象，对理论模型进行拟合，采用极大似然估计法，然后根据模型修正指标进行修正。修正指标显示，大众媒介维度的 4 个观测变量，包括"电视的使用"、"广播的使用"、"报纸的使用"和"杂志的使用"之间存在明显的共变关系。"在社交媒体上交流的同事人数"的残差与"利用社交媒体与同事交流的频率"的残差之间，"在社交媒体上服务的农民人数"的残差与"利用社交媒体与农民交流的频率"的残差之间，在"了解配方肥技术的比例"的残差与"了解绿色农药的比例"的残差之间以及在"即将采纳配方肥技术的比例"的残差与"即将采纳绿色农药的比例"的残差之间存在明显的共变关系。在添加共变关系之后，模型的外在质量得到极大提高。修正之后的模型见图 3，模型的适配度检验见表 16。

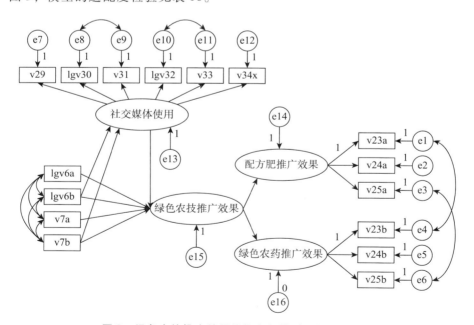

图 3 绿色农技推广效果结构方程模型（修正之后）

　　该结构方程模型中，多组共变关系的建立，在现实生活中可以有比较合理的解释。大众媒介之间共变关系的建立，说明电视、广播、报纸和杂志的使用是相互影响的，表现出一定的同一性。比如一个人喜欢时事，他会使用各种媒介工具来了解更多的时事信息，也希望从不同的角度去了解这些时事信息。在社交媒体上交流的人数和频率之间的共变关系也很合理：在社交媒体上交流的人数越多，频率自然就会越高。而在不同类型的绿色农业技术推广效果之间建立共变关系，是因为特定的农民个体如果有绿色、无公害意识，那么这种意识不会只在单一的农业技术采纳过程中表现出来，而是会在所有的农业技术采纳过程中表现出来。

表 16　绿色农技推广效果结构方程模型的适配度检验（2015 年数据）

统计检验量	适配的标准	检验结果数据	模型适配判断
绝对适配度指数			
x^2 值	$p > 0.05$（未达显著水平）	209.468（$p = 0.000 < 0.05$）	否
RMR 值	< 0.5	0.079	是
RMSEA 值	< 0.08	0.037	是
GFI 值	> 0.90	0.985	是
AGFI 值	> 0.90	0.959	是
增值适配度指数			
NFI 值	> 0.90	0.974	是
RFI 值	> 0.90	0.966	是
IFI 值	> 0.90	0.985	是
TLI 值	> 0.90	0.980	是
CFI 值	> 0.90	0.985	是
简约适配度指数			
PGFI 值	> 0.50	0.644	是
PNFI 值	> 0.50	0.731	是
PCFI 值	> 0.50	0.739	是
CN 值	> 200	514	是
x^2 自由度比	< 3.00	1.512	是
ACI 值	理论模型值小于独立模型值，且同时小于饱和度模型值	301.468 > 272.000 301.468 < 8172.101	一般
CAIC 值	理论模型值小于独立模型值，且同时小于饱和度模型值	570.913 < 1068.622 570.913 < 8265.821	是

　　从表 16 可以看出，修正后的模型拟合情况良好，使用该模型进行相关

假设的验证，是十分合适的（吴明隆，2010a：343）。

从表 17 可以看出，可靠性（Cronbach's Alpha）、组合信度（CR）、平均方差提取量（AVE）的数据均符合或接近相关指标，说明结构方程模型中的量表具有合适的信度和聚合效度（Chin，1998；杜智涛、徐敬宏，2018：27；吴明隆，2010a：337）。因为此前在对结构方程模型的修正中，已经对存在的共线性的变量添加了共变关系，所以这里不再分析方差膨胀系数（VIF）。

表 17　量表可靠性（Cronbach's Alpha）、组合信度（CR）、平均方差提取量（AVE）检验情况（2015 年数据）

	观测变量	因素负荷量标准化参数	指标信度 R^2	Cronbach's Alpha	CR	AVE
配方肥推广效果	v23a	0.822	0.676	0.915	0.916	0.785
	v24a	0.965	0.932			
	v25a	0.864	0.745			
绿色农药推广效果	v23b	0.800	0.640	0.901	0.900	0.752
	v24b	0.959	0.920			
	v25b	0.834	0.695			
社交媒体使用	v29	0.709	0.503	0.821	0.835	0.462
	lgv30	0.550	0.303			
	v31	0.711	0.506			
	lgv32	0.700	0.490			
	v33	0.823	0.677			
	v34x	0.542	0.294			

接下来，以 2019 年抽取的 236 个样本为数据，代入图 3 绿色农技推广效果结构方程模型中，模型的适配度检验见表 18。

表 18　绿色农技推广效果结构方程模型的适配度检验（2019 年数据）

统计检验量	适配的标准	检验结果数据	模型适配判断
绝对适配度指数 x^2 值	$p > 0.05$（未达显著水平）	156.544（$p = 0.000 < 0.05$）	否
RMR 值	< 0.5	0.112	是

统计检验量	适配的标准	检验结果数据	模型适配判断
RMSEA 值	< 0.08	0.056	是
GFI 值	> 0.90	0.923	是
AGFI 值	> 0.90	0.884	否
增值适配度指数			
NFI 值	> 0.90	0.915	是
RFI 值	> 0.90	0.887	否
IFI 值	> 0.90	0.962	是
TLI 值	> 0.90	0.949	是
CFI 值	> 0.90	0.961	是
简约适配度指数			
PGFI 值	> 0.50	0.611	是
PNFI 值	> 0.50	0.686	是
PCFI 值	> 0.50	0.721	是
CN 值	> 200	170	否
x^2 自由度比	< 3.00	1.739	是
ACI 值	理论模型值小于独立模型值，且同时小于饱和度模型值	248.544 < 272.000 248.544 < 1880.164	是
CAIC 值	理论模型值小于独立模型值，且同时小于饱和度模型值	453.880 < 879.081 453.880 < 1951.586	是

从表 18 可以发现，将 2019 年数据代入 2015 年适用的模型之后，除卡方值等 4 个统计量未达到模型适配标准之外，其余统计量均达到模型适配标准，说明上述结构方程模型对 2019 年采集的数据拟合度依然较好。

从表 19 可以看出，可靠性（Cronbach's Alpha）、组合信度（CR）、平均方差提取量（AVE）的数据均符合或接近相关指标，说明结构方程模型中的量表在 2019 年的样本中，仍然具有合适的信度和聚合效度。

表 19　量表可靠性（Cronbach's Alpha）、组合信度（CR）、平均方差提取量（AVE）
检验情况（2019 年数据）

	观测变量	因素负荷量标准化参数	指标信度 R^2	Cronbach's Alpha	CR	AVE
配方肥推广效果	v23a	0.790	0.624	0.913	0.91	0.773
	v24a	0.990	0.980			
	v25a	0.845	0.714			
绿色农药推广效果	v23b	0.760	0.578	0.884	0.890	0.732
	v24b	0.969	0.939			
	v25b	0.824	0.679			
社交媒体使用	v29	− 0.236	0.056	0.348	0.490	0.240
	lgv30	0.619	0.383			
	v31	0.790	0.624			
	lgv32	0.444	0.197			
	v33	0.062	0.003			
	v34x	0.416	0.173			

（二）社交媒体的使用对绿色农技推广效果直接效应假设的检验

从表 20 可以看到，社交媒体的使用以及报纸的使用对绿色农技推广效果有显著影响。将两者的标准化结构路径系数进行比较可以发现，社交媒体的使用对绿色农技推广效果的影响要略高于报纸。由此看来，使用社交媒体和报纸推广农技，能够加深农户对绿色农业技术的了解和提升其采纳率。

从表 20 还可以发现，杂志和广播的使用能明显地促进社交媒体在农业技术推广中的使用。将两者的标准化结构路径系数进行比较会发现，杂志的使用效果要好于广播。

表 20　非标准化和标准化的结构路径系数（2015 年数据）

研究假设	非标准化估计值	标准化估计值	p
社媒的使用对绿色农技推广效果有显著影响	0.273	0.111	0.003
电视的使用对绿色农技推广效果有显著影响	− 0.071	− 0.014	> 0.05
广播的使用对绿色农技推广效果有显著影响	− 0.419	− 0.025	> 0.05

研究假设	非标准化估计值	标准化估计值	p
报纸的使用对绿色农技推广效果有显著影响	0.101	0.106	0.004
杂志的使用对绿色农技推广效果有显著影响	0.015	0.012	> 0.05
广播的使用对社媒使用有显著影响	0.478	0.070	0.006
杂志的使用对社媒使用有显著影响	0.092	0.180	< 0.001

从表 21 可以看到，在 2019 年采集的样本中，社交媒体的使用以及报纸的使用对绿色农技推广效果有显著影响。通过比较标准化结构路径系数还可以发现，报纸的使用效果在下降，而社交媒体的使用效果显著上升。杂志的使用不再是预测绿色农技推广效果的有效指标。

从表 21 还可以发现，广播和杂志的使用不能有效地预测农技员是否会在农技推广中使用社交媒体。这与 2015 年的样本有显著的不同。

表 21　非标准化和标准化的结构路径系数（2019 年数据）

研究假设	非标准化估计值	标准化估计值	p
社媒的使用对绿色农技推广效果有显著影响	1.918	0.252	0.001
电视的使用对绿色农技推广效果有显著影响	0.091	0.045	0.482
广播的使用对绿色农技推广效果有显著影响	0.055	0.013	0.842
报纸的使用对绿色农技推广效果有显著影响	0.169	0.140	0.049
杂志的使用对绿色农技推广效果有显著影响	0.089	0.075	0.288
广播的使用对社媒使用有显著影响	0.080	0.145	0.057
杂志的使用对社媒使用有显著影响	0.009	0.060	0.397

从表 22 可以发现，同一个结构方程模型，与 2015 年采集的样本相比，2019 年采集的样本对"绿色农技推广效果"的预测能力提升了约 3.3 倍。这说明，2019 年农技员在农技推广中使用社交媒体的行为已经相当普遍，社交媒体对于提升绿色农业技术推广效果的作用越来越明显，这进一步验证了先前的假设。

与此同时，同一个结构方程模型，2019 年的样本数据（236 个）对农技员在农技推广中是否使用社交媒体的解释力，比 2015 年的样本数据（951 个）下降了约 34%。这符合实际，2019 年，农技员对社交媒体的使用已经非常普及，增长的空间有限，而对传统媒体的使用进一步减少。本模型主要是依靠大众媒介来预测社交媒体的使用行为。这一增一减，使得以大众媒介的使用行为来预测社交媒体的使用行为越来越不起作用。

表 22　不同年份模型对关键潜变量的解释力比较

	2015 年（SMC）	2019 年（SMC）
社交媒体使用	4.1%	2.7%
绿色农技推广效果	2.6%	11.1%

综上所述，"报纸的使用对绿色农技推广效果有显著影响"以及"社交媒体的使用对绿色农技推广效果有显著影响"得到验证。"电视的使用对绿色农技推广效果有显著影响""广播的使用对绿色农技推广效果有显著影响""杂志的使用对绿色农技推广效果有显著影响"没有得到样本数据的支持。

（三）对个体差异调节效应的检验

温忠麟等认为，在 AMOS 结构方程模型中，可以利用特定的个体差异，如性别、学历等变量，将整体样本分成不同的群组。然后，采用分组比较的策略来判断特定的个体差异是否在自变量对因变量的影响中起到调节作用（温忠麟、侯杰泰、张雷，2005）。具体做法是，先将两组或者多组结构方程模型的所有回归系数限制为相等，得到一个卡方值 x^2 值以及相应的自由度。然后，去掉对不同组别结构方程模型回归系数的限制，重新对模型进行拟合估计，又得到一个 x^2 值和相应的自由度。用前面的 x^2 值减去后面的 x^2 值，得到一个新的卡方值。新卡方值的自由度就是限制模型和非限制模型的自由度之差。对新的卡方值进行检验，如果结果在统计上显著，则说明特定的个体差异在自变量对因变量的影响过程中有显著的调节效应。

这一部分内容主要以 2015 年采集的 951 个样本数据为研究对象。

1. 对性别调节效应假设的检验

本研究将农技员按性别分成男、女两组，先指定这两组的所有回归系数相等，得到一个限制模型，再将限制模型与不指定回归系数相等的非限制模型进行比较。两个多群组模型的比较结果见表 23 及表 24。

表 23 性别多群组结构模型分析的整体模型适配度检验摘要

统计检验量	适配的标准	检验结果数据	模型适配判断
绝对适配度指数			
x^2 值	$p > 0.05$（未达显著水平）	297.104（$p = 0.058 > 0.05$）	是
RMR 值	< 0.50	0.097	是
RMSEA 值	< 0.08	0.026	是
GFI 值	> 0.90	0.962	是
AGFI 值	> 0.90	0.943	是
增值适配度指数			
NFI 值	> 0.90	0.964	是
RFI 值	> 0.90	0.952	是
IFI 值	> 0.90	0.986	是
TLI 值	> 0.90	0.981	是
CFI 值	> 0.90	0.986	是
简约适配度指数			
PGFI 值	> 0.50	0.637	是
PNFI 值	> 0.50	0.723	是
CN 值	> 200	680	是
x^2 自由度比	< 3.00	1.650	是

表 23 显示，在模型适配度统计量中，所有统计量均达到模型适配标准。整体而言，多群组参数限制的部分不变性模型可以被接受（吴明隆，2010a：423）。

表 24 嵌套模型比较摘要（性别）

Model	df	CMIN	p	NFI Delta – 1	IFI Delta – 2	RFI rho – 1	TLI rho – 2
Structural weights	17	34.132	.008	.004	.004	.001	.001

表 24 显示，限制模型的卡方值和非限制模型的卡方值比较，其差异显著（$p < 0.05$），说明这两个模型有显著的差异。换句话说，强行指定不同性别的农技员在使用社交媒体推广农技时的效果一致，具体表现在结构路径系数参数指标一致，是不可行的。这说明，性别这个个体差异变量在农技员使用社交媒体进行绿色农技推广过程中起调节作用。

在非限制模型的标准化结构路径系数估计中（详见图 4、图 5、表 25）可以看到，不同性别农技员群体，在使用社交媒体推广绿色农业技术的效果上有显著差异，进一步说明调节效应的存在。

表 25　不同性别农技员群体标准化结构路径系数比较

研究假设	标准化估计值 （男性）	标准化估计值 （女性）
社媒的使用对绿色农技推广效果有显著影响	不显著	0.266 ***
电视的使用对绿色农技推广效果有显著影响	不显著	不显著
广播的使用对绿色农技推广效果有显著影响	不显著	不显著
报纸的使用对绿色农技推广效果有显著影响	0.125 **	不显著
杂志的使用对绿色农技推广效果有显著影响	不显著	不显著
广播的使用对社媒使用有显著影响	不显著	0.153 *
杂志的使用对社媒使用有显著影响	0.048 ***	0.153 *

注：$^*p < 0.05$；$^{**}p < 0.01$；$^{***}p < 0.001$。

从表 25 还可以发现一些有趣的现象，在男性农技员群体中，报纸的使用比社交媒体的使用更有可能预测绿色农技推广的效果；而女性农技员群体则不同，在提升绿色农技推广效果方面，女性农技员对社交媒体的使用，比任何一种大众媒介都更有优势。进一步探讨农技员的大众媒介使用对他们使用社交媒体推广农技这一行为的影响可以发现，无论是男性群体还是女性群体，杂志的使用都是一个比较有效的预测指标。

因变量绿色农技推广效果和潜变量社交媒体使用可以被模型解释的变异量，在不同性别农技员群体中差异十分明显。从表 26 可以看到，社交媒体使用对绿色农技推广效果的影响，女性农技员群体要明显大于男性农技员群体，前者是后者的 3 倍多。相比于男性农技员，女性农技员对社交媒体的接受度更高，也更愿意在绿色农技推广中使用这种方便、快捷、省力的工具，这可以用女性特有的社交天性来解释，在物尽其用方面，女性农技员也比男性农技员做得更好。这与美国学者莱茵戈德（2013：246）"女性可以增加一个网络里的社会智慧"的观点不谋而合。

表 26　对因变量的解释力在不同性别群组之间的差异

农技员 群组类别	"绿色农技推广效果" 被模型解释的变异量（SMC）	"社交媒体使用" 被模型解释的变异量（SMC）
男性	2.3%	3.9%
女性	7.7%	5.3%

2. 对年龄调节效应假设的检验

将农技员按照年龄分成 40 岁及以下、41～48 岁、48 岁以上三组，先指定这三组的所有回归系数相等，得到一个限制模型，再将限制模型与不指定回归系数相等的非限制模型进行比较。三个多群组模型的比较结果见表 27 及表 28。

表 27　年龄多群组结构模型分析的整体模型适配度检验摘要

统计检验量	适配的标准	检验结果数据	模型适配判断
绝对适配度指数			
x^2 值	$p > 0.05$（未达显著水平）	394.415（$p = 0.000 < 0.05$）	否
RMR 值	< 0.50	0.109	是
RMSEA 值	< 0.08	0.022	是
GFI 值	> 0.90	0.952	是
AGFI 值	> 0.90	0.927	是
增值适配度指数			
NFI 值	> 0.90	0.953	是
RFI 值	> 0.90	0.938	是
IFI 值	> 0.90	0.985	是
TLI 值	> 0.90	0.979	是
CFI 值	> 0.90	0.985	是
简约适配度指数			
PGFI 值	> 0.50	0.630	是
PNFI 值	> 0.50	0.715	是
CN 值	> 200	746	是
x^2 自由度比	< 3.00	1.460	是

表 27 显示，在模型适配度统计量中，除卡方值未达到模型适配标准之外，其余统计量均达到模型适配标准。整体而言，多群组参数限制的部分不变性模型可以被接受。

表 28 显示，限制模型的卡方值和非限制模型的卡方值比较，其差异显著（$p < 0.05$）。这说明，年龄这个个体差异变量在农技员使用社交媒体进行绿色农技推广过程中起调节作用。

表 28　嵌套模型比较摘要（年龄）

Model	df	CMIN	p	NFI Delta-1	IFI Delta-2	RFI rho-1	TLI rho-2
Structural weights	34	76.769	.000	.009	.009	.004	.004

在非限制模型的标准化结构路径系数估计中（详见图6、图7、图8、表29）可以看到，不同年龄层次的农技员群体，在使用社交媒体推广绿色农业技术的效果上有显著差异，进一步说明调节效应的存在。

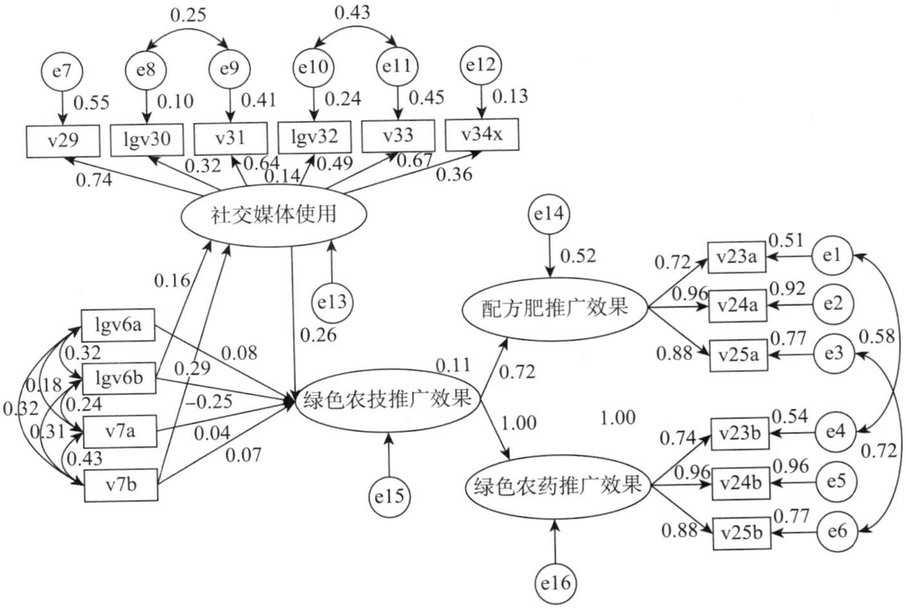

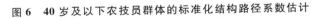

图 6　40 岁及以下农技员群体的标准化结构路径系数估计

从表 29 可以发现，年龄越小的农技员，在利用社交媒体推广绿色农技方面做得越好。48 岁以上的农技员对所有媒体都持一种排斥的态度，不管是大众媒介还是社交媒体。他们没有积极地去尝试用社交媒体进行农技推广。从表 29 还可以发现，48 岁及以下的农技员广播和电视的使用对绿色农技推广效果产生负面影响。所有年龄段农技员杂志的使用，都对社交媒体使用有显著影响。

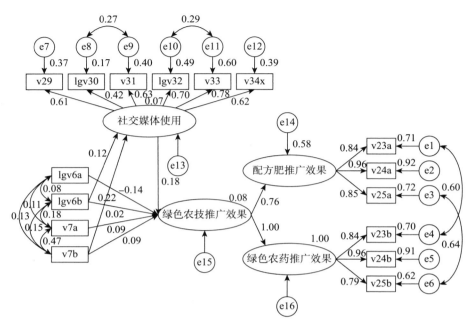

图 7　41～48 岁农技员群体的标准化结构路径系数估计

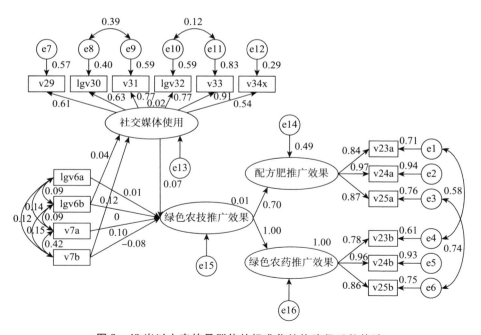

图 8　48 岁以上农技员群体的标准化结构路径系数估计

表 29　不同年龄层次农技员群体标准化结构路径系数比较

研究假设	标准化估计值（40 岁及以下）	标准化估计值（41~48 岁）	标准化估计值（48 岁以上）
社媒的使用对绿色农技推广效果有显著影响	0.260*	0.177**	不显著
电视的使用对绿色农技推广效果有显著影响	不显著	-0.143**	不显著
广播的使用对绿色农技推广效果有显著影响	-0.245**	不显著	不显著
报纸的阅读对绿色农技推广效果有显著影响	不显著	不显著	不显著
杂志的使用对绿色农技推广效果有显著影响	不显著	不显著	不显著
广播的使用对社媒使用有显著影响	不显著	0.120*	不显著
杂志的使用对社媒使用有显著影响	0.290**	0.217***	0.119*

注：* $p < 0.05$；** $p < 0.01$；*** $p < 0.001$。

因变量绿色农技推广效果和潜变量社交媒体使用可以被模型解释的变异量，在不同年龄层次的农技员群体中差异十分明显。从表 30 可以看出，年龄越小，其采用社交媒体推广农技的可能性越大，而且效果越好。这也说明，面对新技术，农技员队伍需要更新换代，才能让新技术得到更好的推广。

表 30　对因变量的解释力在不同年龄群组之间的差异

农技员群组类别	"绿色农技推广效果"被模型解释的变异量（SMC）	"社交媒体使用"被模型解释的变异量（SMC）
40 岁及以下	11.1%	13.7%
41~48 岁	8.0%	6.9%
48 岁以上	1.5%	1.7%

3. 对学历调节效应假设的检验

按照学历不同，将农技员分成高中及以下、大专、本科及以上三组，先指定这三组的所有回归系数相等，得到一个限制模型，再将限制模型与不指定回归系数相等的非限制模型进行比较。三个多群组模型的比较结果见表 31 及表 32。

表 31　学历多群组结构模型分析的整体模型适配度检验摘要

统计检验量	适配的标准	检验结果数据	模型适配判断
绝对适配度指数			
x^2 值	$p>0.05$（未达显著水平）	424.312（$p=0.000<0.05$）	否
RMR 值	<0.50	0.103	是
RMSEA 值	<0.08	0.025	是
GFI 值	>0.90	0.948	是
AGFI 值	>0.90	0.922	是
增值适配度指数			
NFI 值	>0.90	0.949	是
RFI 值	>0.90	0.933	是
IFI 值	>0.90	0.981	是
TLI 值	>0.90	0.974	是
CFI 值	>0.90	0.981	是
简约适配度指数			
PGFI 值	>0.50	0.627	是
PNFI 值	>0.50	0.712	是
CN 值	>200	694	是
x^2 自由度比	<3.00	1.572	是

　　表 31 显示，在模型适配度统计量中，除卡方值未达到模型适配标准之外，其余统计量均达到模型适配标准。整体而言，多群组参数限制的部分不变性模型可以被接受。

表 32　嵌套模型比较摘要（学历）

Model	df	CMIN	p	NFI Delta-1	IFI Delta-2	RFI rho-1	TLI rho-2
Structural weights	34	40.242	.213	.005	.005	-.002	-.002

　　表 32 显示，限制模型的卡方值和非限制模型的卡方值比较，其差异不显著（$p>0.05$）。这说明，学历这个个体差异变量在农技员使用社交媒体进行绿色农技推广过程中并不起调节作用。因此，本研究不做进一步分析。

4. 对收入调节效应假设的检验

按照月收入不同，将农技员分成2000元及以下、2001~4000元、4001元及以上三组，先指定这三组的所有回归系数相等，得到一个限制模型，再将限制模型与不指定回归系数相等的非限制模型进行比较。三个多群组模型的比较结果见表33及表34。

表 33   收入多群组结构模型分析的整体模型适配度检验摘要

统计检验量	适配的标准	检验结果数据	模型适配判断
绝对适配度指数			
x^2 值	$p > 0.05$（未达显著水平）	452.486（$p = 0.000 < 0.05$）	否
RMR 值	< 0.50	0.184	是
RMSEA 值	< 0.08	0.027	是
GFI 值	> 0.90	0.949	是
AGFI 值	> 0.90	0.923	是
增值适配度指数			
NFI 值	> 0.90	0.947	是
RFI 值	> 0.90	0.929	是
IFI 值	> 0.90	0.978	是
TLI 值	> 0.90	0.970	是
CFI 值	> 0.90	0.978	是
简约适配度指数			
PGFI 值	> 0.50	0.628	是
PNFI 值	> 0.50	0.710	是
CN 值	> 200	651	是
x^2 自由度比	< 3.00	1.676	是

表33显示，在模型适配度统计量中，除卡方值未达到模型适配标准之外，其余统计量均达到模型适配标准。整体而言，多群组参数限制的部分不变性模型可以被接受。

表 34   嵌套模型比较摘要（收入）

Model	df	CMIN	p	NFI Delta-1	IFI Delta-2	RFI rho-1	TLI rho-2
Structural weights	34	51.927	.025	.006	.006	-.001	-.001

　　表 34 显示，限制模型的卡方值和非限制模型的卡方值比较，其差异显著（$p < 0.05$）。这说明，收入这个个体差异变量在农技员使用社交媒体进行绿色农技推广过程中起调节作用。

　　在非限制模型的标准化结构路径系数估计中（详见图 9、图 10、图 11以及表 35）可以看到，不同月收入层次的农技员群体，在使用社交媒体推广绿色农业技术的效果上有显著差异，进一步说明调节效应的存在。

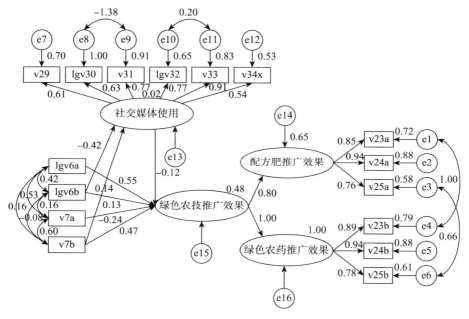

图 9　月收入 2000 元及以下农技员群体的标准化结构路径系数估计

　　从表 35 可以发现，月收入 2001～4000 元的农技员群体使用社交媒体进行绿色农技推广工作的效果最好，月收入 4001 元及以上群体的效果稍弱，月收入 2000 元及以下群体的效果最差。产生这个现象的原因可能是，由于机构改革，很多地方的农技员失去了事业单位的身份，要想获得更高的收入，需要依靠自己。收入较高的农技员多半有其他收入来源，大部分时间和精力没有放在农技推广工作上；而收入较低的农技员要么因为入行时间不长，推广经验不足，还不能将社交媒体的灵活性与农技推广工作的要求很好地结合，要么年龄偏大，使用新的推广技术意愿不强。

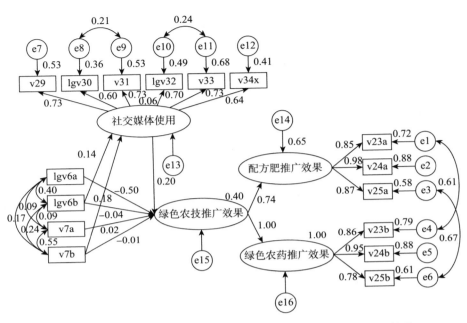

图 10　月收入 2001～4000 元农技员群体的标准化结构路径系数估计

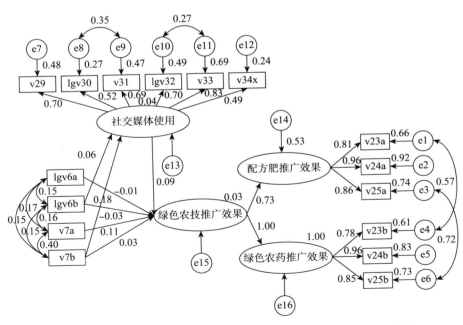

图 11　月收入 4001 元及以上农技员群体的标准化结构路径系数估计

表 35   不同收入层次农技员群体标准化结构路径系数比较

研究假设	标准化估计值（月收入 2000 元及以下）	标准化估计值（月收入 2001～4000 元）	标准化估计值（月收入 4001 元及以上）
社媒的使用对绿色农技推广效果有显著影响	不显著	0.202 **	0.092 *
电视的使用对绿色农技推广效果有显著影响	0.551 *	不显著	不显著
广播的使用对绿色农技推广效果有显著影响	不显著	不显著	不显著
报纸的使用对绿色农技推广效果有显著影响	不显著	不显著	0.114 **
杂志的使用对绿色农技推广效果有显著影响	0.474 *	不显著	不显著
广播的使用对社媒使用有显著影响	−0.425 *	0.140 *	不显著
杂志的使用对社媒使用有显著影响	不显著	0.176 *	0.175 ***

注：$^*p<0.05$；$^{**}p<0.01$；$^{***}p<0.001$。

从表 36 可以发现，因变量绿色农技推广效果和潜变量社交媒体使用可以被模型解释的变异量，在不同收入农技员群体中存在巨大差异。有意思的是，月收入 2000 元及以下的农技员对于运用社交媒体推广农业技术似乎更上心，随着收入的增加，农技员利用社交媒体推广绿色农技的效果逐渐变弱。出现这种现象有两个原因：一是收入低的农技员一般比较年轻、入行较晚，因此在工作上更上心；二是随着时间的推移，农技员不会只满足于绿色农技推广的工作，必然会拓展其他收入渠道，从而减少绿色农技推广的时间。

表 36   对因变量的解释力在不同收入群组之间的差异

农技员群组类别	"绿色农技推广效果"被模型解释的变异量（SMC）	"社交媒体使用"被模型解释的变异量（SMC）
月收入 2000 元及以下	48.1%	21.0%
月收入 2001～4000 元	4.1%	6.3%
月收入 4001 元及以上	2.7%	3.8%

5. 对地域调节效应假设的检验

按照所属县 2013 年农业技术推广绩效水平，将农技员分成低绩效县、中绩效县、高绩效县三组，先指定这三组的所有回归系数相等，得到一个限制模型，再将限制模型与不指定回归系数相等的非限制模型进行比较。三个多群组模型的比较结果见表 37 及表 38。

表 37　地域多群组结构模型分析的整体模型适配度检验摘要

统计检验量	适配的标准	检验结果数据	模型适配判断
绝对适配度指数			
x^2 值	$p > 0.05$（未达显著水平）	477.327（$p = 0.000 < 0.05$）	否
RMR 值	< 0.50	0.123	是
RMSEA 值	< 0.08	0.028	是
GFI 值	> 0.90	0.941	是
AGFI 值	> 0.90	0.911	是
增值适配度指数			
NFI 值	> 0.90	0.944	是
RFI 值	> 0.90	0.926	是
IFI 值	> 0.90	0.975	是
TLI 值	> 0.90	0.966	是
CFI 值	> 0.90	0.975	是
简约适配度指数			
PGFI 值	> 0.50	0.623	是
PNFI 值	> 0.50	0.708	是
CN 值	> 200	617	是
x^2 自由度比	< 3.00	1.768	是

表 37 显示，在模型适配度统计量中，除卡方值未达到模型适配标准之外，其余统计量均达到模型适配标准。整体而言，多群组参数限制的部分不变性模型可以被接受。

表 38　嵌套模型比较摘要（地域）

Model	df	CMIN	p	NFI Delta-1	IFI Delta-2	RFI rho-1	TLI rho-2
Structural weights	34	60.632	.003	.007	.007	.000	.000

表 38 显示，限制模型的卡方值和非限制模型的卡方值比较，其差异显著（$p < 0.05$）。这说明，地域这个个体差异变量在农技员使用社交媒体进行绿色农技推广过程中起调节作用。

在非限制模型的标准化结构路径系数估计中（详见图 12、图 13、图 14以及表 39）可以看到，不同绩效县的农技员群体，在使用社交媒体推广绿色农业技术的效果上有显著差异，进一步说明调节效应的存在。

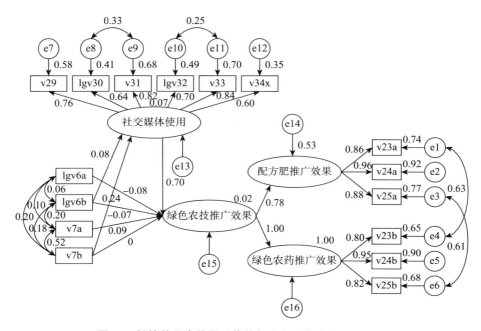

图 12　低绩效县农技员群体的标准化结构路径系数估计

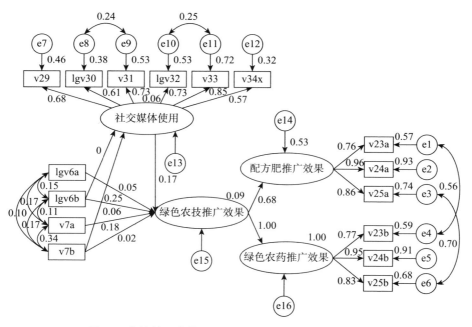

图 13　中绩效县农技员群体的标准化结构路径系数估计

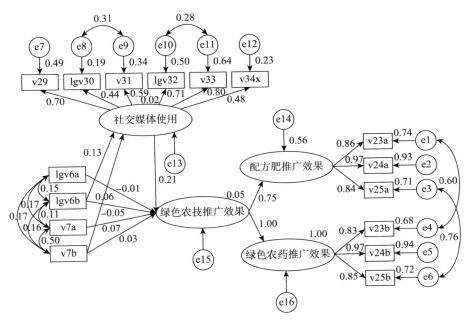

图 14　高绩效县农技员群体的标准化结构路径系数估计

从表 39 可以发现，农技员使用社交媒体作为农技推广工具对于绿色农业技术推广的直接效果，在高绩效县最好，中绩效县次之，低绩效县最差。

表 39　不同绩效县农技员群体标准化结构路径系数比较

研究假设	标准化估计值（低绩效县）	标准化估计值（中绩效县）	标准化估计值（高绩效县）
社媒的使用对绿色农技推广效果有显著影响	不显著	0.167 *	0.208 ***
电视的使用对绿色农技推广效果有显著影响	不显著	不显著	不显著
广播的使用对绿色农技推广效果有显著影响	不显著	不显著	不显著
报纸的使用对绿色农技推广效果有显著影响	不显著	0.181 **	不显著
杂志的使用对绿色农技推广效果有显著影响	不显著	不显著	不显著
广播的使用对社媒使用有显著影响	不显著	不显著	0.129 *
杂志的使用对社媒使用有显著影响	0.237 **	0.248 ***	不显著

注：* $p < 0.05$；** $p < 0.01$；*** $p < 0.001$。

因变量绿色农技推广效果和潜变量社交媒体使用可以被模型解释的变异量，在不同绩效县农技员群体中差异十分明显。从表 40 可以看到，模型对中绩效县农技员群体绿色农技推广效果因变量的解释力最强，高绩效县次之，低绩效县最弱。

表40 对因变量的解释力在不同绩效县群组之间的差异

农技员群组类别	"绿色农技推广效果"被模型解释的变异量（SMC）	"社交媒体使用"被模型解释的变异量（SMC）
低绩效县	2.2%	6.8%
中绩效县	8.5%	6.1%
高绩效县	5.2%	2.2%

结合实际分析，这是因为在高绩效县，各级组织对农技推广工作比较重视，组织能力较强，一般是采取较为固定的、模式化的推广方式。而在中绩效县较少统一组织农技推广活动，农技员自主选择的推广方式较为灵活，而社交媒体恰好比较适合那些比较灵活的人。所以，在绿色农技推广中使用社交媒体的效果方面，中绩效县反而略好于高绩效县。

至于低绩效县农技员利用社交媒体推广农技几乎没有取得什么效果，这也比较正常。因为在低绩效县，农技员全心全意从事绿色农技推广事业的积极性不高，主要心思未必在农技推广上。

6. 对创新性调节效应假设的检验

按照创新性的差异，将农技员分成落后者、后期大众、早期大众、早期采用者、创新先驱者五组，先指定这五组的所有回归系数相等，得到一个限制模型，再将限制模型与不指定回归系数相等的非限制模型进行比较。五个多群组模型的比较结果见表41及表42。

表41 创新性多群组结构模型分析的整体模型适配度检验摘要

统计检验量	适配的标准	检验结果数据	模型适配判断
绝对适配度指数			
x^2值	$p > 0.05$（未达显著水平）	711.120（$p = 0.000 < 0.05$）	否
RMR值	< 0.50	0.154	是
RMSEA值	< 0.08	0.025	是
GFI值	> 0.90	0.920	是
AGFI值	> 0.90	0.879	否

统计检验量	适配的标准	检验结果数据	模型适配判断
增值适配度指数			
NFI 值	> 0.90	0.918	是
RFI 值	> 0.90	0.891	否
IFI 值	> 0.90	0.968	是
TLI 值	> 0.90	0.957	是
CFI 值	> 0.90	0.968	是
简约适配度指数			
PGFI 值	> 0.50	0.609	是
PNFI 值	> 0.50	0.689	是
CN 值	> 200	670	是
x^2 自由度比	< 3.00	1.580	是

表 41 显示，在模型适配度统计量中，除卡方值等 3 个统计量未达到模型适配标准之外，其余统计量均达到模型适配标准。整体而言，多群组参数限制的部分不变性模型可以被接受。

表 42　嵌套模型比较摘要（创新性）

Model	df	CMIN	p	NFI Delta-1	IFI Delta-2	RFI rho-1	TLI rho-2
Structural weights	68	145.886	.000	.017	.018	.005	.005

表 42 显示，限制模型的卡方值和非限制模型的卡方值比较，其差异显著（$p < 0.05$）。这说明，创新性这个个体差异变量在农技员使用社交媒体进行绿色农技推广过程中起调节作用。

在非限制模型的标准化结构路径系数估计中（详见图 15 到图 19 及表 43）可以看到，不同创新性类型的农技员群体，在使用社交媒体推广绿色农业技术的效果上有显著差异，进一步说明调节效应的存在。

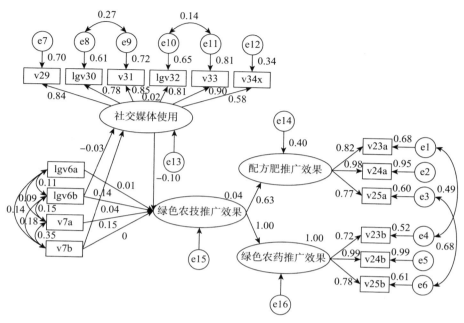

图 15　落后者农技员群体的标准化结构路径系数估计

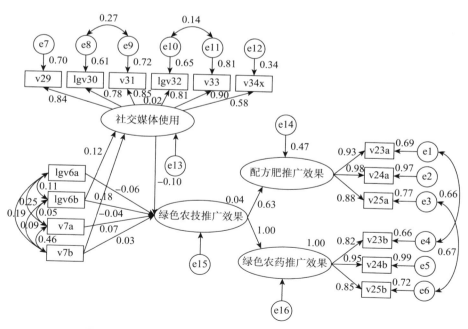

图 16　后期大众农技员群体的标准化结构路径系数估计

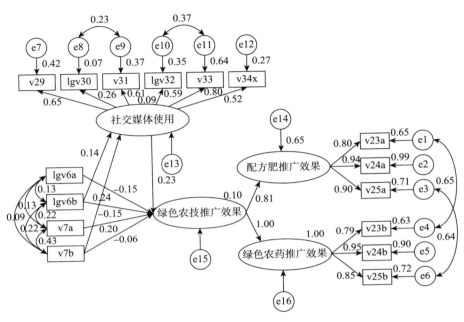

图 17　早期大众农技员群体的标准化结构路径系数估计

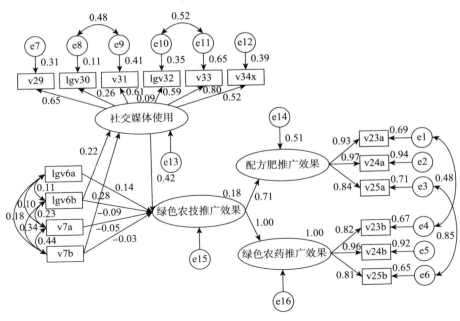

图 18　早期采用者农技员群体的标准化结构路径系数估计

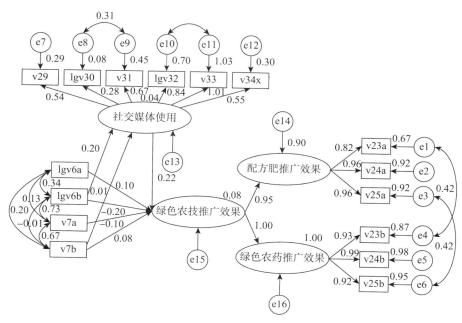

图 19　创新先驱者农技员群体的标准化结构路径系数估计

从表 43 可以发现，除落后者和创新先驱者，其他个体创新性越强，其运用社交媒体推广绿色农业技术的效果越好。表 43 呈现的数据再次证实，后期大众、早期大众、早期采用者杂志的使用对社交媒体使用有显著影响。早期大众电视的使用对绿色农技推广效果有负面影响。这是因为，电视的主要功能是休闲娱乐，看电视比较多的人，比较安于现状，不太愿意去了解和接受新生事物。一般而言，喜欢阅读报纸的人具有较强的新知识吸收能力。创新性最强的创新先驱者在所有结构路径系数上都不显著，这跟样本量有关系。在样本中，这个人群只有 42 人，如果将其并入早期采用者人群中，则将呈现与早期采用者同样的结果。

表 43　不同创新性类型农技员群体标准化结构路径系数比较

研究假设	标准化估计值（落后者）	标准化估计值（后期大众）	标准化估计值（早期大众）	标准化估计值（早期采用者）	标准化估计值（创新先驱者）
社媒的使用对绿色农技推广效果有显著影响	不显著	0.161*	0.234**	0.425***	不显著
电视的使用对绿色农技推广效果有显著影响	不显著	不显著	−0.149*	不显著	不显著

研究假设	标准化估计值（落后者）	标准化估计值（后期大众）	标准化估计值（早期大众）	标准化估计值（早期采用者）	标准化估计值（创新先驱者）
广播的使用对绿色农技推广效果有显著影响	不显著	不显著	不显著	不显著	不显著
报纸的使用对绿色农技推广效果有显著影响	0.151*	不显著	0.195**	不显著	不显著
杂志的使用对绿色农技推广效果有显著影响	不显著	不显著	不显著	不显著	不显著
广播的使用对社媒使用有显著影响	不显著	不显著	不显著	0.224*	不显著
杂志的使用对社媒使用有显著影响	不显著	0.182**	0.238**	0.278**	不显著

注：* $p < 0.05$；** $p < 0.01$；*** $p < 0.001$。

从表44可以看出，因变量绿色农技推广效果和潜变量社交媒体使用可以被模型解释的变异量，在不同创新性类型的农技员群体中差异十分明显。很显然，除创新先驱者之外，个体创新性越强，其使用社交媒体推广农技的可能性越大，所取得的效果越好。这说明，农技员创新性的强弱对先进农业技术的推广和传播有重要影响。

表44 对因变量的解释力在不同创新性类型群组之间的差异

农技员群组类别	"绿色农技推广效果"被模型解释的变异量（SMC）	"社交媒体使用"被模型解释的变异量（SMC）
落后者	3.5%	2.0%
后期大众	3.8%	5.1%
早期大众	10.2%	8.9%
早期采用者	17.8%	17.0%
创新先驱者	8.1%	3.8%

7. 对绿色农技信息需求程度调节效应假设的检验

按照对绿色农技信息需求程度的差异，将农技员分为需求程度较低、需求程度一般和需求程度较高三组，先指定这三组的所有回归系数相等，得到一个限制模型，再将限制模型与不指定回归系数相等的非限制模型进行比较。三个多群组模型的比较结果见表45及表46。

表 45 对绿色农技信息需求程度多群组结构模型分析的整体模型适配度检验摘要

统计检验量	适配的标准	检验结果数据	模型适配判断
绝对适配度指数			
x^2 值	$p > 0.05$（未达显著水平）	430.978（$p = 0.000 < 0.05$）	否
RMR 值	< 0.50	0.147	是
RMSEA 值	< 0.08	0.025	是
GFI 值	> 0.90	0.947	是
AGFI 值	> 0.90	0.919	是
增值适配度指数			
NFI 值	> 0.90	0.949	是
RFI 值	> 0.90	0.932	是
IFI 值	> 0.90	0.980	是
TLI 值	> 0.90	0.973	是
CFI 值	> 0.90	0.980	是
简约适配度指数			
PGFI 值	> 0.50	0.626	是
PNFI 值	> 0.50	0.712	是
CN 值	> 200	683	是
x^2 自由度比	< 3.00	1.596	是

表 45 显示，在模型适配度统计量中，除卡方值未达到模型适配标准之外，其余统计量均达到模型适配标准。整体而言，多群组参数限制的部分不变性模型可以被接受。

表 46 嵌套模型比较摘要（对绿色农技信息需求程度）

Model	df	CMIN	p	NFI Delta-1	IFI Delta-2	RFI rho-1	TLI rho-2
Structural weights	34	33.785	.478	.004	.004	−.003	−.003

表 46 显示，限制模型的卡方值和非限制模型的卡方值比较，其差异不显著（$p > 0.05$）。这说明，对绿色农技信息需求程度这个个体差异变量在农技员使用社交媒体进行绿色农技推广过程中并不起调节作用。

8. 对媒介使用能力调节效应假设的检验

按照媒介使用能力的差异，将农技员分成媒介使用能力较强、媒介使用能力中等、媒介使用能力较弱三组，先指定这三组的所有回归系数相等，得到一个限制模型，再将限制模型与不指定回归系数相等的非限制模型进行比较。三个多群组模型的比较结果见表 47 及表 48。

表 47　媒介使用能力多群组结构模型分析的整体模型适配度检验摘要

统计检验量	适配的标准	检验结果数据	模型适配判断
绝对适配度指数			
x^2 值	$p > 0.05$（未达显著水平）	416.195（$p = 0.000 < 0.05$）	否
RMR 值	< 0.50	0.116	是
RMSEA 值	< 0.08	0.024	是
GFI 值	> 0.90	0.949	是
AGFI 值	> 0.90	0.923	是
增值适配度指数			
NFI 值	> 0.90	0.948	是
RFI 值	> 0.90	0.931	是
IFI 值	> 0.90	0.981	是
TLI 值	> 0.90	0.975	是
CFI 值	> 0.90	0.981	是
简约适配度指数			
PGFI 值	> 0.50	0.628	是
PNFI 值	> 0.50	0.711	是
CN 值	> 200	707	是
x^2 自由度比	< 3.00	1.541	是

表 47 显示，在模型适配度统计量中，除卡方值未达到模型适配标准之外，其余统计量均达到模型适配标准。整体而言，多群组参数限制的部分不变性模型可以被接受。

表 48 显示，限制模型的卡方值和非限制模型的卡方值比较，其差异显著（$p < 0.05$）。这说明，媒介使用能力这个个体差异变量在农技员使用社交媒体进行绿色农技推广过程中起调节作用。

表 48　嵌套模型比较摘要（媒介使用能力）

Model	df	CMIN	p	NFI Delta-1	IFI Delta-2	RFI rho-1	TLI rho-2
Structural weights	34	61.603	.003	.008	.008	.001	.001

在非限制模型的标准化结构路径系数估计中（详见图 20、图 21、图 22 及表 49）可以看到，不同媒介使用能力的农技员群体，在使用社交媒体推广绿色农业技术的效果上有显著差异，进一步说明调节效应的存在。

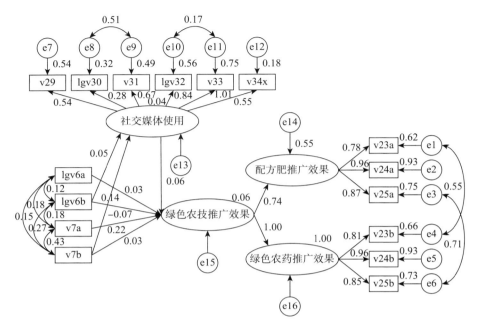

图 20　媒介使用能力较弱农技员群体的标准化结构路径系数估计

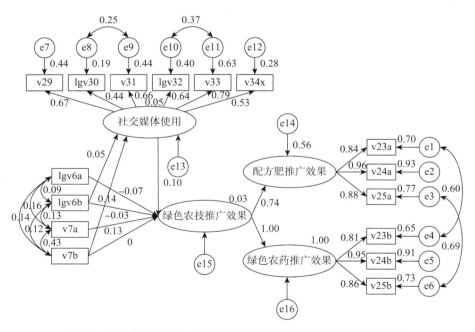

图 21　媒介使用能力中等农技员群体的标准化结构路径系数估计

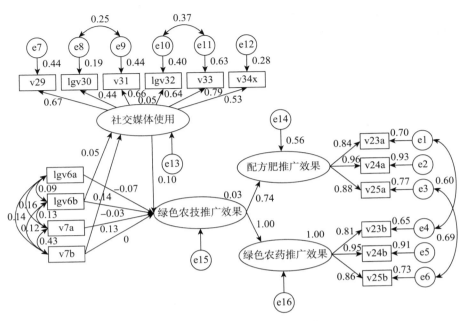

图 22　媒介使用能力较强农技员群体的标准化结构路径系数估计

从表 49 可以发现，媒介使用能力较弱的农技员报纸的使用对绿色农技推广效果有显著影响，杂志的使用能够有效预测他们是否会在农业技术推广中使用社交媒体。

表 49　不同媒介使用能力农技员群体标准化结构路径系数比较

研究假设	标准化估计值（媒介使用能力较弱）	标准化估计值（媒介使用能力中等）	标准化估计值（媒介使用能力较强）
社媒的使用对绿色农技推广效果有显著影响	不显著	不显著	0.232 *
电视的使用对绿色农技推广效果有显著影响	不显著	不显著	不显著
广播的使用对绿色农技推广效果有显著影响	不显著	不显著	不显著
报纸的使用对绿色农技推广效果有显著影响	0.215 **	0.130 **	− 0.190 *
杂志的使用对绿色农技推广效果有显著影响	不显著	不显著	不显著
广播的使用对社媒使用有显著影响	不显著	0.125 *	不显著
杂志的使用对社媒使用有显著影响	14.20 *	0.167 ***	0.213 *

注：* $p < 0.05$；** $p < 0.01$；*** $p < 0.001$。

与媒介使用能力较弱的农技员相比，媒介使用能力中等的农技员除了报纸的使用能够影响到绿色农技推广效果，杂志的使用对社交媒体的使用有显著影响外，广播的使用也对社交媒体的使用有显著影响。

媒介使用能力较强的农技员，社交媒体的使用对绿色农技推广效果有显著影响，这与前两个群体有明显的区别。值得注意的是，报纸的使用对绿色农技推广效果有负面影响，这与实际情况不符，可能是统计原因导致的。媒介使用能力较强的农技员杂志的使用依然是预测其社交媒体使用的重要变量。

从表50可以看出，因变量绿色农技推广效果和潜变量社交媒体使用可以被模型解释的变异量，在不同媒介使用能力的农技员群体中差异十分明显。这说明，农技员媒介使用能力的强弱对先进农业技术的传播有重要影响。

从表50还可以看出，模型对媒介使用能力中等的农技员群体"绿色农技推广效果"因变量的解释力不如媒介使用能力较弱的群体。但表49已经显示，模型对这两个群体绿色农技推广效果的解释力均不显著，没有实际意义，因此不做进一步解释。同时，从表50还可以发现，媒介使用能力较强的人对社交媒体使用的解释力要略低于媒介使用能力中等的人，这是因为社交媒体有极大的优势，媒介使用能力弱的人会更多地使用社交媒体。

表50　对因变量的解释力在不同媒介使用能力群组之间的差异

农技员群组类别	"绿色农技推广效果"被模型解释的变异量（SMC）	"社交媒体使用"被模型解释的变异量（SMC）
媒介使用能力较弱	5.9%	2.6%
媒介使用能力中等	3.0%	4.8%
媒介使用能力较强	8.2%	4.4%

9. 对自身形象感知调节效应假设的检验

前文提到，对自身形象的感知会影响个体的态度和行为。本研究根据对自身形象的感知，将农技员分为感知较好、感知一般、感知较差三组，先指定这三组的所有回归系数相等，得到一个限制模型，再将限制模型与不指定回归系数相等的非限制模型进行比较。三个多群组模型的比较结果见表51及表52。

表 51　对自身形象感知多群组结构模型分析的整体模型适配度检验摘要

统计检验量	适配的标准	检验结果数据	模型适配判断
绝对适配度指数			
x^2 值	$p > 0.05$（未达显著水平）	408（$p = 0.000 < 0.05$）	否
RMR 值	< 0.50	0.124	是
RMSEA 值	< 0.08	0.027	是
GFI 值	> 0.90	0.944	是
AGFI 值	> 0.90	0.916	是
增值适配度指数			
NFI 值	> 0.90	0.945	是
RFI 值	> 0.90	0.927	是
IFI 值	> 0.90	0.977	是
TLI 值	> 0.90	0.969	是
CFI 值	> 0.90	0.944	是
简约适配度指数			
PGFI 值	> 0.50	0.625	是
PNFI 值	> 0.50	0.709	是
CN 值	> 200	639	是
x^2 自由度比	< 3.00	1.511	是

表 51 显示，在模型适配度统计量中，除卡方值未达到模型适配标准之外，其余统计量均达到模型适配标准。整体而言，多群组参数限制的部分不变性模型可以被接受。

表 52　嵌套模型比较摘要（对自身形象感知）

Model	df	CMIN	p	NFI Delta-1	IFI Delta-2	RFI rho-1	TLI rho-2
Structural weights	34	33.083	.512	.004	.004	− .003	− .004

表 52 显示，限制模型的卡方值和非限制模型的卡方值比较，其差异不显著（$p > 0.05$）。这说明，对自身形象感知这个个体差异变量在农技员使用社交媒体进行绿色农技推广过程中并不起调节作用。

10. 对使用手机上网的满意度调节效应假设的检验

按照对使用手机上网的满意度，将农技员分成满意度较低、满意度一般、满意度较高三组，先指定这三组的所有回归系数相等，得到一个限制模型，再将限制模型与不指定回归系数相等的非限制模型进行比较。三个多群组模型的比较结果见表 53 及表 54。

表 53　对使用手机上网的满意度多群组结构模型分析的整体模型适配度检验摘要

统计检验量	适配的标准	检验结果数据	模型适配判断
绝对适配度指数			
x^2 值	$p > 0.05$ （未达显著水平）	486.278（$p = 0.000 < 0.05$）	否
RMR 值	< 0.50	0.135	是
RMSEA 值	< 0.08	0.029	是
GFI 值	> 0.90	0.944	是
AGFI 值	> 0.90	0.915	是
增值适配度指数			
NFI 值	> 0.90	0.942	是
RFI 值	> 0.90	0.923	是
IFI 值	> 0.90	0.973	是
TLI 值	> 0.90	0.964	是
CFI 值	> 0.90	0.973	是
简约适配度指数			
PGFI 值	> 0.50	0.624	是
PNFI 值	> 0.50	0.707	是
CN 值	> 200	606	是
x^2 自由度比	< 3.00	1.801	是

表 53 显示，在模型适配度统计量中，除卡方值未达到模型适配标准之外，其余统计量均达到模型适配标准。整体而言，多群组参数限制的部分不变性模型可以被接受。

表 54　嵌套模型比较摘要（对使用手机上网的满意度）

Model	df	CMIN	p	NFI Delta-1	IFI Delta-2	RFI rho-1	TLI rho-2
Structural weights	34	77.228	.000	.009	.010	.002	.002

　　表 54 显示，限制模型的卡方值和非限制模型的卡方值比较，其差异显著（$p < 0.05$）。这说明，对使用手机上网的满意度这个个体差异变量在农技员使用社交媒体进行绿色农技推广过程中起调节作用。

　　在非限制模型的标准化结构路径系数估计中（详见图 23 到图 25 及表 55）可以看到，对使用手机上网不同满意度的农技员群体，在使用社交媒体推广绿色农业技术的效果上有显著差异，进一步说明调节效应的存在。

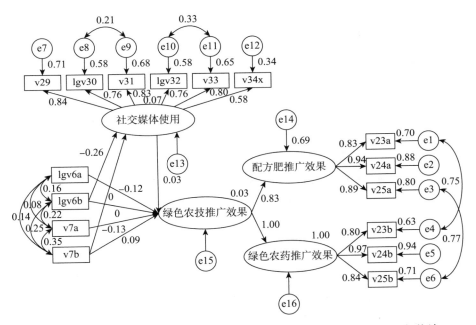

图 23　对使用手机上网的满意度较低农技员群体的标准化结构路径系数估计

　　从表 55 可以发现，对使用手机上网的满意度较高的农技员使用社交媒体推广绿色农业技术的效果较好。

　　对使用手机上网的满意度较低的农技员所有媒介的使用对绿色农技推广效果都没有显著影响，因为他们倾向于不使用任何媒介。在对使用手机上网的满意度一般农技员群体中，报纸的使用对绿色农技推广效果有显著作用，而杂志的使用对农技员使用社交媒体推广农技行为有显著预测作用。

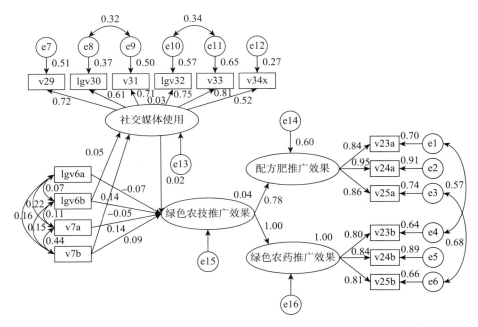

图 24　对使用手机上网的满意度一般农技员群体的标准化结构路径系数估计

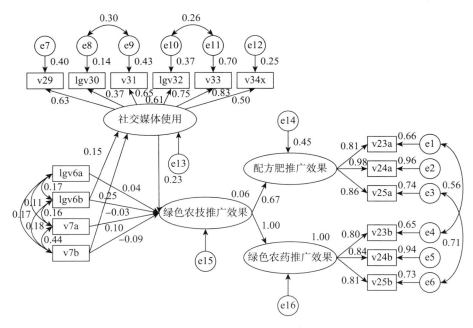

图 25　对使用手机上网的满意度较高农技员群体的标准化结构路径系数估计

在对使用手机上网的满意度较高群体中，社交媒体的使用和报纸的使用对绿色农技推广效果都有显著影响。此外，其广播的使用和杂志的使用都对农技员使用社交媒体推广农技这一行为有显著预测作用。其中，杂志的使用的预测效果更明显。

表 55　对使用手机上网不同满意度农技员群体标准化结构路径系数比较

研究假设	标准化估计值（满意度较低）	标准化估计值（满意度一般）	标准化估计值（满意度较高）
社媒的使用对绿色农技推广效果有显著影响	不显著	不显著	0.226***
电视的使用对绿色农技推广效果有显著影响	不显著	不显著	不显著
广播的使用对绿色农技推广效果有显著影响	不显著	不显著	不显著
报纸的使用对绿色农技推广效果有显著影响	不显著	0.137*	0.107*
杂志的使用对绿色农技推广效果有显著影响	不显著	不显著	不显著
广播的使用对社媒使用有显著影响	−0.259*	不显著	0.148**
杂志的使用对社媒使用有显著影响	不显著	0.144**	0.255***

注：* $p < 0.05$；** $p < 0.01$；*** $p < 0.001$。

从表 56 可以看出，农技员对使用手机上网的满意度越高，其推广绿色农技的效果越好。可见，良好的基础设施建设对于强化农技员在农技推广中使用社交媒体这种先进的工具仍然至关重要。

表 56　对因变量的解释力在对使用手机上网不同满意度群组之间的差异

农技员群组类别	"绿色农技推广效果"被模型解释的变异量（SMC）	"社交媒体使用"被模型解释的变异量（SMC）
对使用手机上网的满意度较低	3.2%	6.7%
对使用手机上网的满意度一般	3.6%	2.6%
对使用手机上网的满意度较高	5.8%	10.0%

综上所述，以下假设得到验证："H3a：性别差异在社交媒体使用与绿色农技推广效果中起调节作用""H3b：年龄差异在社交媒体使用与绿色农技推广效果中起调节作用""H3d：收入差异在社交媒体使用与绿色农技推广效果中起调节作用""H3e：媒介使用能力差异在社交媒体使用与绿色农技推广效果中起调节作用""H3f：创新性差异在社交媒体使用与绿色农技

推广效果中起调节作用""H3i：地域差异在社交媒体使用与绿色农技推广效果中起调节作用""H3j：对使用手机上网的满意度在社交媒体使用与绿色农技推广效果中起调节作用"。

没有得到验证的包括："H3c：学历差异在社交媒体使用与绿色农技推广效果中起调节作用""H3g：个体行为意愿差异在社交媒体使用与绿色农技推广效果中起调节作用""H3h：对自身形象感知差异在社交媒体使用与绿色农技推广效果中起调节作用"。

五 总结：农技推广中，大众媒介、社交媒体作用此消彼长

（一）社交媒体的使用对绿色农技推广效果有显著影响

跟前文的设想一样，本研究证实了社交媒体的使用对农技员推广绿色农技的促进作用。随着时间的推移，这种作用越来越显著。这既是本研究期待的，也是受到大家欢迎的。从本研究可以看到，2015 年，社交媒体在农村地区主要是作为人际交往工具被使用，因此，它在农技员工作中发挥的作用比较小，但也是显著的。而到 2019 年，这种作用被急剧放大。从同一个结构方程模型对两组数据的分析结果来看，对主要因变量"绿色农技推广效果"的解释力由 2015 年的 2.6% 上升到 2019 年的 11.1%（见表22），提高了约 3.3 倍，这超出了研究预期。

从以往的研究可知，先进农业技术未能被农民了解和采纳，原因有多种，比如"乡村伦理、道德与习俗"（Popkin，1979；徐世宏、赵迪，2017：45）；"社会关系和社会压力、社会环境有效性、参照评估框架、农民自身有效性的认知和判断"（Leeuwis，2004；徐世宏、赵迪，2017：47）等，而媒介工具在农民采纳先进农业技术的过程中的推动作用有目共睹。社交媒体可能还对其他重要因素产生调节效应，其在先进农业技术推广中的作用可能会得到进一步体现，这有待进一步研究。

（二）大众媒介的使用在农技推广中所起到的作用不断减弱

随着社交媒体在农技员工作中的重要性不断提升，研究结果也表明，大众媒介使用的作用在进一步减弱。早期的创新扩散理论是在大众媒介占主导地位的背景下考察农业创新扩散的过程和影响因素的。本研究对比了

2015 年和 2019 年采集的数据，结构方程模型最终分析的结果显示，在 2015 年的样本中，大众媒介中的报纸的使用变量对绿色农技推广效果有较显著的影响；但是 2019 年，该变量对绿色农技推广效果已经到不显著的边缘，p 为 0.049（见表 21）。整体而言，大众媒介的使用对社交媒体使用的解释力从 2015 年的 4.1% 下降到 2019 年的 2.7%；同一时期，社交媒体使用对绿色农技推广效果的解释力从 2.6% 上升到 11.1%（见表 22），与之形成鲜明对比，引人关注，这是以往的研究不曾见到的。

2015 年，大众媒介中，广播的使用和杂志的使用都可以预测农技员在工作中是否会使用社交媒体（见表 20）。换句话说，使用广播和杂志能够促进农技员在工作中使用社交媒体。而到 2019 年，广播的使用和杂志的使用对促进农技员在工作中使用社交媒体不起作用，p 均大于 0.05（见表 21）。这个研究结果与目前媒介格局改变的现状十分吻合。可以预测，大众媒介在农业创新扩散中的作用将进一步减弱。

（三）个体差异对农技员运用社交媒体推广农技的调节作用非常明显

研究表明，个体差异，包括性别、年龄、收入、媒介使用能力、创新性、地域、对使用手机上网的满意度等变量在社交媒体使用与绿色农技推广过程中调节效应均十分显著。有些变量在不同农技员之间的差异超出事先的预期，如女性农技员使用社交媒体推广绿色农技，对最终推广效果的解释力为 7.7%，而男性农技员只有 2.3%（见表 26），而且男性农技员使用社交媒体对绿色农技推广的直接效果不显著，这与女性截然不同（见表 25）。

40 岁及以下的农技员群体使用社交媒体对绿色农技推广效果的解释力为 11.1%，41~48 岁农技员群体为 8.0%，而 48 岁以上群体仅有 1.5%（见表 30），且直接效果不显著（见表 29）。

农技员个体创新性变量的调节效应差异更大。创新性较强的早期采用者使用社交媒体对绿色农技推广效果的解释力达到 17.8%，而落后者只有 3.5%（见表 44）。

与此同时，媒介使用能力较强的农技员群体使用社交媒体对绿色农技推广效果的解释力为 8.2%，使用能力中等和较弱的农技员群体分别为 3.0% 和 5.9%（见表 50），而且这两个群体直接效果均不显著（见表 49）。

根据这个研究成果可以得知，擅长用社交媒体推广绿色农业技术并取得良好效果的农技员，一般具备以下特点：女性，40岁及以下，月收入2001~4000元，富有创新精神，媒介使用能力较强，对使用手机上网的满意度较高，工作生活在农技推广高绩效县。

（四）对提升农技员使用社交媒体推广绿色农技效果的建议

根据以上研究成果，可以采取有针对性的措施来提升农技员推广绿色农业技术的最终效果。

1. 农技员队伍需要迅速、大力补充新鲜血液

农技员队伍老龄化现象比较严重。本研究显示，在农技员队伍中40岁及以下的仅占15.9%，48岁以上的达到44.1%。这个年龄结构非常不合理，可以说是青黄不接。全国范围内，年龄在35岁及以下的农技员比例为24.5%（刘振伟、李飞、张桃林，2013：79），看来湖北的形势比全国严峻。所以，农业主管部门应该通过大力提升待遇、拓宽上升通道等方式吸引年轻人投入农技推广事业。

从性别来看，女性农技员在农技推广方面比男性农技员做得更好，更适合社交媒体环境下的农技推广工作。目前，女性农技员仅占农技推广队伍的25.7%，可以适当提高女性的比例。

2. 农村信息化基础设施建设需要巩固和加强

从本研究的结果来看，近一半农技员对使用手机上网的满意度较高（占47.0%）和一般（占45.8%），仅有7.2%的人满意度较低（见表15）。对使用手机上网的满意度较高的农技员在使用社交媒体推广绿色农业技术中所起到的调节效应非常显著。这进一步说明，外在环境特别是基础设施建设所带来的便利性，对农技员是否愿意在工作中使用社交媒体的影响仍然很大。随着信息技术的进一步发展，5G技术即将得到大规模推广应用，农村地区的信息化基础设施建设工作也应该跟上。

3. 加强对农技员社交媒体使用的培训

国家每年都要对农技员队伍分期分批进行知识更新的培训。那么，在今后的培训中，如何更好地发挥社交媒体的作用，也应该成为重要的培训内容。本研究显示，媒介使用能力对于农技员提升先进农业技术的推广效果非常明显。媒介使用能力较强的农技员群体在使用社交媒体促进绿色农业技术推广过程中的直接效果显著，而媒介使用能力中等和较弱的农技员，直接效果不显著（见表49）。这也说明对农技员进行以手机为载体的社交媒体使用培训的紧迫性和重要性。

4. 农技推广可借鉴社会营销的方式

前文已论证，农技推广从某种意义上可以视作社会营销的一种典型行为，两者都带有公益性质，都得到政府和社会各界的大力支持，都是劝说服务对象改变态度和行为。所以，提升社会营销效果应坚守的核心原则，比如"互换价值""承认竞争""运用营销4O策略""注重可持续性"等（李、科特勒，2018：25），也可以用来提升农技员使用社交媒体进行先进农业技术推广的效果。

（五）研究局限与不足

本研究存在一些局限，比如，由于人员变动等原因，无法对2015年和2019年的调查进行严格的配对设计样本抽样，使两个不同时间点访问的问卷调查对象完全相同，否则研究的说服力会更强（张文彤、邝春伟，2011：260）。此外，如何防止问卷调查时的期望偏差（布拉德伯恩、萨德曼、万辛克，2011：8），如来自农技推广高绩效县的农技员可能出于迎合研究者、希望得到赞赏的心理而夸大社交媒体在农业技术推广中的使用行为，是今后的研究中需要解决的问题。

（本文由吴志远与陈淼合作撰写）

参考文献

保罗·F. 拉扎斯菲尔德、伯纳德·贝雷尔森、黑兹尔·高德特，2012，《人民的选择：选民如何在总统选战中做决定（第三版）》，唐茜译，北京：中国人民大学出版社。

保罗·莱文森，2017，《人类历程回放：媒介进化论》，邬建中译，西南师范大学出版社。

储成兵，2019，《农户测土配方施肥技术的持续采用意愿分析》，《湖北工程学院学报》第2期。

杜智涛、徐敬宏，2018，《从需求到体验：用户在线知识付费行为的影响因素》，《新闻与传播研究》第10期。

弗洛里安·兹纳涅茨基，2012，《知识人的社会角色》，郏斌祥译，上海：译林出版社。

高启杰主编，2013，《农业推广学（第三版）》，北京：中国农业大学出版社。

霍华德·莱茵戈德，2013，《网络素养：数字公民、集体智慧和联网的力量》，张子凌、老卡译，北京：电子工业出版社。

卡尔·霍夫兰、欧文·贾尼斯、哈罗德·凯利，2015，《传播与劝服：关于态度转变的心理学研究》，张建中等译，北京：中国人民大学出版社。

李季、任晋阳、韩一军，1996，《农业技术扩散研究综述》，《农业技术经济》第6期。

理查德·格里格、菲利普·津巴多，2003，《心理学与生活》，王垒、王甦等译，北京：人民邮电出版社。

刘恩财、谢立勇主编，2014，《农业推广学》，北京：高等教育出版社。

刘振伟、李飞、张桃林主编，2013，《农业技术推广法导读》，北京：中国农业出版社。

罗杰斯，2016，《创新的扩散（第五版）》，唐兴通、郑常青、张延臣译，北京：电子工业出版社。

马化腾等，2015，《互联网＋：国家战略行动路线图》，北京：中信出版社。

南希·R. 李、菲利普·科特勒，2018，《社会营销：如何改变目标人群的行为（第5版）》，俞利军译，上海：格致出版社、上海人民出版社。

诺曼·布拉德伯恩、希摩·萨德曼、布莱恩·万辛克，2011，《问卷设计手册》，赵锋译，重庆：重庆大学出版社。

乔恩·德龙、特里·安德森，2018，《集群教学——学习与社交媒体》，刘黛琳、孙建华、武艳、来继文译，北京：国家开放大学出版社。

史蒂芬·达尔，2018，《社交媒体营销：理论与实践》，陈韵博译，北京：清华大学出版社。

汤姆·斯丹迪奇，2015，《从莎草纸到互联网：社交媒体2000年》，林华译，北京：中信出版社。

温忠麟、侯杰泰、张雷，2005，《调节效应与中介效应的比较和应用》，《心理学报》第2期。

温忠麟、刘红云、侯杰泰，2012，《调节效应和中介效应分析》，北京：教育科学出版社。

Werner J. Severin、James W. Tankard, Jr.，2006，《传播理论：起源、方法与应用（第5版）》，郭镇之等译，北京：中国传媒大学出版社。

吴明隆，2010a，《结构方程模型——AMOS的操作与应用（第2版）》，重庆：重庆大学出版社。

吴明隆，2010b，《问卷统计分析实务——SPSS操作与应用》，重庆：重庆大学出版社。

《现代农业科技干部读本》编写组，2004，《现代农业科技干部读本》，北京：中共中央党校出版社。

徐世宏、赵迪，2017，《中国农业技术创新扩散研究》，北京：中国农业出版社。

伊莱休·卡茨、保罗·F. 拉扎斯菲尔德，2016，《人际影响：个人在大众传播中的作用》，张宁译，北京：中国人民大学出版社。

余红，2010，《网络时政论坛舆论领袖研究——以强国社区"中日论坛"为例》，武汉：华中科技大学出版社。

詹姆斯·波特，2012，《媒介素养（第四版）》，李德刚等译，北京：清华大学出版社。

张文彤、邝春伟编著，2011，《SPSS 统计分析基础教程（第 2 版）》，北京：高等教育出版社。

中国互联网络信息中心，2019，《第 43 次中国互联网络发展状况统计报告》，登录时间：2019 年 5 月 4 日，http://www. cac. gov. cn/2019zt/cnnic43/index. htm。

中国农学会编，2011，《有机农业 110》，北京：中国农业出版社。

Bandura，A. 1986. *Social Foundations of Thought and Action*：*A Social Cognitive Theory*. New York：Prentice Hall，Englewood Cliifs.

Chin，W. W. 1998. "The Partial Least Squares Approach to Structural Equation Modeling." *Modern Methods for Business Research* 295：295 – 336.

Fazio，R. H. 1995. "Attitudes as Object-evaluation Associations：Determinants，Consequences and Correlates of Attitude Accessibility." *Attitude Strength*：*Antecedents and Consequences* 10：247 – 282.

Gerbner，G.，Gross，L.，Morgan，M.，and Signorielli，N. 1980. "The 'Mainstreaming' of America：Violence Profile No. 11." *Journal of Communication* 30：10 – 29.

Kaplan，A. M.，and Haenlein，M. 2010. "Users of the World，Unite！The Challenges and Opportunities of Social Media." *Business Horizons* 53（1）：59 – 68.

Leeuwis，C. 2004. *Communication for Rural Innovation*：*Rethinking Agricultural Extension（third edition）*. UK：Blackwell Science Ltd.

Meyers-Levy，J. and Malaviya，P. 1999. "Consumers' Processing of Persuasive Advertisements：An Integrative Framework of Persuasion Theories." *Journal of Marketing* 63（4）：45 – 60.

Petty，and Duane T. Wegener. 1999. *The Elaboration Likelihood Model*：*Current Status and Controversies*，New York：Guildford Press.

Petty，R. E. and Cacioppo，J. T. 1999. *The Elaboration Likelihood Model of Persuasion*. Cambridge，MA：Academic Press.

Popkin，S. 1979. *The Rational Peasant*. Berkeley：University of California Press.

Van den Bulte，C. and Wuyts，S. 2007. *Social Networks and Marketing*. Massachusetts：Marketing Science Institute Cambridge Press.

社交媒体使用效果满意度影响因素及相关中介作用

为了让农民享受互联网带来的巨大红利，近年来，国家加大了对农民社交媒体等移动互联网技术使用培训的力度。农技员作为推广先进农业技术的主要力量，必须要将社交媒体等移动互联网技术运用到生产、生活中，才能更好地带动农民使用。那么，农技员使用社交媒体作为农技推广工具之后，对使用效果的满意度如何？本研究调查了200多个乡镇近千名农技员，并采用多元线性回归模型进行分析，结果发现，社交媒体使用动机能够有效地预测农技员使用社交媒体推广农技后的效果满意度；社会资本在社交媒体使用与满意度之间起到的中介作用十分显著。最重要的发现是，社交媒体对于农技推广的促进作用，不在于农技员把社交媒体当作自我学习、增长知识的工具，而是利用社交媒体拓展和提高与同行和服务对象农民交流的范围和频率，提升农技推广效果。本研究认为，应鼓励各相关群体利用社交媒体的便捷性成立一个大规模、多元化的协作体。这一发现为更好地发挥社交媒体在促进农村地区生产中的作用指明了方向。

一　意义：使用满意度影响到农技推广中新工具的普及

近几年，国家加大了对农户信息技术应用培训的力度，手机成为广大农民的"新农具"，移动互联网成为助力农村产业融合发展的重要基础设施。

由农业农村部主导的全国农民手机应用技能培训活动，将基层农技员、新型经营主体、大学生村干部、返乡创业人员作为优先培训的对象，希望他们能够以点带面、发挥辐射带动作用。

作为农业技术推广体系的重要力量，基层农业技术人员需要创新农业技术推广方式方法，拓展和丰富农业技术推广的服务领域和内容，引领广大农民转变农业发展方式，推进农业和农村经济结构实现战略性调整（刘振伟、李飞、张桃林，2013：17）。基层农技员如果能够熟练地掌握智能手机以及社交媒体等信息管理工具，将会大大提升他们推广先进农业技术和先进农业思想观念的效率。

到目前为止，农技员在农技推广实践中，使用社交媒体工具的效果如何？他们对社交媒体这一新型的沟通工具满意度如何？哪些因素会影响到农技员使用社交媒体进行农技推广的效果以及感知满意度？这些问题很重要，但是现有的研究尚未涉猎。

围绕这些问题，课题组对湖北省 12 个县（市、区）（以下简称县）200多个乡镇的近千名农技员展开了深入的调查。在全面梳理前人研究成果的基础上，课题组精心编制问卷，设计量表工具，希望从中找到答案。

本研究对罗杰斯经典的农业创新扩散理论在移动互联网时代的适用性进行再次验证，希望能够为创新扩散理论的发展做出新贡献，使其更加适应时代变化，特别是剧烈变化的媒介环境。

本研究除了考察不同的社交媒体使用方式和动机对满意度的影响之外，还进一步考察社会资本在社交媒体使用和满意度之间是否有中介效应，希望借此找到社交媒体提升农业技术推广效果的深层原因。

本研究采用多元线性回归模型、配对样本 T 检验以及 Process 中介效应检验软件等统计分析工具。利用这些工具，本研究发现：社交媒体使用过程中，社交性使用动机比工具性使用动机对农技员使用社交媒体工具的效果满意度有更显著的影响；桥接型社会资本和黏合型社会资本在每一种社交媒体使用方式中都能够发挥中介作用，只是作用大小不一。而本研究最重要的发现是，社交媒体对农业技术推广效率的提升，最重要的着力点不是农技员促进自我学习、掌握更多的先进农业技术信息和知识，而是他们能够方便、快捷地接触更多的同行、服务更多的对象，构筑了互联网学习的协作体。正是在集体学习的过程中，群体智慧的作用得到发挥，让多数农技员提升了先进农业技术推广的效率。以上成果可以直接用于指导国家有关部门在农村地区进行手机应用技能的培训。

二　理论：满意度是由期望、实绩与期望之差共同决定

（一）满意度及其影响因素

满意度原本是市场营销领域的一个概念。阿姆斯特朗、科特勒、王永贵（2017：17）认为，营销过程中，如果顾客满意度较高，可以刺激顾客的购买行为，最终提升营销工作的绩效。满意度取决于一件产品或者一项服务被顾客使用之后，顾客所感知的效能与顾客预期之间的匹配程度。如果感知效能低于预期，顾客便会不满意；反之，顾客就会满意。事实上，满意度是对顾客关于产品或者服务积极态度的衡量。所谓态度，是指对人、客体或观念的积极或消极评价，它将影响到个体的行为以及解释社会现实的方式（格里格、津巴多，2003：494）。随着满意度概念的普及，它的使用范围逐步拓展至教育、培训等多个领域（黄艳，2009）。

在本研究中，满意度指农技员使用社交媒体作为农业技术推广工具之后，所感知到的效能与起初的期望之间的匹配程度。或者说，农技员使用社交媒体作为农技推广工具之后，对社交媒体这一新工具所发挥的作用，是否感到满意。

如何衡量满意度？美国学者奥利弗（Oliver，1980）提出了"期望—实绩"模型。该模型认为，顾客满意度是由顾客期望、实绩与期望之差共同决定的。在本研究中，以农技员所服务的农户对绿色农业技术的即将采用率为农技员推广工作的实际成效的操作指标。同时，本研究还调查了农技员对在农业技术推广中使用社交媒体工具所抱有的期望值。

（二）社交媒体使用对满意度的影响

除了关注顾客期望和实际成效对满意度的影响之外，本研究还关注社交媒体使用对满意度的影响。

对媒体使用效果满意度的预测，在传播学里有自己的经典理论——使用与满足理论，该理论由卡茨等在1974年提出。卡茨等认为，用户使用媒介的出发点是基于社会环境满足个人需求和愿望。该理论重点关注两个方面：用户使用特定媒介的需求和动机、媒介的使用如何满足用户的需求。在具体研究中，学者们通过调查人们使用特定媒介的原因来明确人们如何从使

用和访问特定媒介中获得满足（Luo，Chea，and Chen，2011）。

卡茨、古列维奇和哈斯将大众媒介的社会心理功能即所谓的"动机"分为5大类：获得信息、知识和理解，获得情绪、愉悦或者美的体验，加强可信度、信心、稳固性和地位，加强与家人、朋友等的接触，逃避和转移注意力等（Katz，Gurevitch，and Haas，1973：164－181）。

根据使用与满足理论，对不同类型媒介的使用和对媒介不同的使用动机，将会影响到用户对媒介使用的满意度。换句话说，媒介使用类型和媒介使用动机可以作为对媒介使用效果满意度的预测指标。

美国学者赛佛林、坦卡德（Severin and Tankard，2006：261）认为，与传统媒体时代相比，使用与满足理论在互联网时代将能发挥更大的作用。现在，互联网已经非常容易访问，高质量、可共享的数字文档成为寻常之物。在移动互联网时代，用户有更多选择。用户越有自主权，他们的移动互联网使用行为就越能够与他们对媒介使用效果的满意度相关（Counts，2006）。

那么，移动互联网用户使用社交媒体的动机有哪些？佩尔斯和邓恩（Perse and Dunn，1995）对互联网的研究显示，人们利用电脑、智能手机等互联网终端满足了学习、娱乐、社会联系、逃避、消磨时间等需求。社交媒体的使用动机一直作为一个重要的变量，受到研究者的关注，他们从各自的研究实际出发，对社交媒体的使用动机进行了不同层次、不同维度的划分，如关注热点、获取信息、拓展交际、记录动态、分享视频、娱乐、追随大众、打发无聊等（董金权、洪亚红，2017：179）。

也有研究者对社交媒体的使用动机进行比较笼统的分类，比如黄、辛格和高斯（Huang，Singh and Ghose，2010），冈萨雷斯等（Gonzalez，et al.，2013）将其分为工具性使用动机和社交性使用动机。之所以这样分类，是因为社交媒体既能够解决工作方面的问题，也能够加强人与人之间的联系。

已有的研究发现，社交媒体不同使用动机将对用户的工作业绩产生影响。首先是工具性使用动机。有学者研究发现，当社交媒体被用于具体工作时，能够提升员工的工作绩效，进而提升其满意度（Leftheriotis and Giannakos，2014）。还有学者认为，将社交媒体用于具体工作，能够影响员工的有效沟通和契合度（Zoonen, et al., 2014）；将社交媒体用于工作，能够影响员工对知识的吸收，并提升员工的工作绩效和工作满意度（Charoensuk-mongkol and Peerayuth，2014）。

其次是社交性使用动机。阿里·哈桑、内沃和韦德（Ali-hassan, Nevo and Wade，2015）的研究发现，将社交媒体用于社交或者认知行为，对员工的常规绩效有积极但间接的影响。张新、马良、张戈（2018）的研究发现，社交媒体社交性使用正向影响员工工作满意度。当然也有不同的声音，如布鲁克斯和斯通利（Brooks and Stoney，2015）就认为，当将社交媒体频繁用于交际时，会降低工作绩效。但是，大部分研究结果支持社交媒体社交性使用对工作有直接或者间接促进作用。

据此，本研究提出假设：

H1：工具性使用社交媒体能够显著提升农技员对社交媒体在农技推广中效果的满意度。

H2：社交性使用社交媒体能够显著提升农技员对社交媒体在农技推广中效果的满意度。

H3：不同类型的社交媒体在提升农技员对社交媒体在农技推广中效果的满意度方面有显著差异。

（三）社会资本对满意度的影响

在对工作绩效以及工作满意度的研究中，社会资本通常是不可或缺的一部分。

一些学者的研究显示，社会资本是影响知识转移和知识获取的重要因素（Widen-Wulff and Ginman，2004；Wasko and Faraj，2005；Kankanhalli, Tan and Wei，2005；Chiu, Hsu and Wang，2006）。社会资本有助于增进农民合作，促进农业新技术的应用（艾沙姆、卡科尔，2004）。显然，农技员推广先进农业技术的过程就是知识转移的过程。社会资本会影响到农技推广的实际效果，对农技员使用社交媒体的满意度产生影响。

对社会资本的研究已经比较多，很多学科会使用这一变量作为重要的影响因素来分析其对结果变量的影响。对于社会资本的定义，大体上可以分为四种：从资源的角度来看，社会资本是指现实或潜在的资源集合体，这种集合体已经嵌入人们所共同熟识并认可的、制度化的关系网络中（Adler and Kwon，2002）；从社交网络的角度来看，社会资本就是一种关系网络，依靠关系网络，个体可以获得机会利用所需资源（Burt，1992）；从社会规范的角度来看，社会资本包括信任、规范和网络等，是社会组织的诚信与准则（Putnam，1995）；从能力的角度来看，社会资本是个体凭借其在社交网络或其他的社会结构中的地位获取利益的能力（Portes，1998）。总而言之，源于社交网络的社会资本的内核是个体或者组织通过社会关系网络所能获取和吸收的信息、资源和知识。

普特南等人将社会资本分为黏合型社会资本和桥接型社会资本。黏合型社会资本指互动频繁，具有较强同质性群体的内部关系，表现为向内看的特点；桥接型社会资本指不同群体或者组织之间的联系，它促进了个体或者群体与外部世界的联系（Bebbington，1997；Narayan，1999）。

对于这两类社会资本在工作中作用的研究，已有很多成果。黏合型社会资本具有内部互动频繁、知识挖掘和共享的特性，有助于建立信任，增强内部沟通与交流，促进内部成员间知识共享，让经验、诀窍等隐性知识显性化。黏合型社会资本有助于加深对现有知识的理解、挖掘，促成对原有知识的充分提炼和利用，从而提升对知识或者技术推广效果的满意度（Han and Hovav，2013；Tan，Zhang，and Wang，2014；Jakobsen and Lorentzen，2015）。而桥接型社会资本聚焦与外部世界的交流，促进不同背景成员间的联系，个体和组织能够从多样化的观念和经历中获益，并发展为更复杂的知识体系（Vasudeva and Anand，2011）。从外部获取的技术和信息扩大了组织的知识存量，丰富了内部资源，使个体和组织对现有知识更熟悉（Han，Han，and Brass，2014）。

据此，本文提出以下假设：

H4：黏合型社会资本能够显著提升农技员对社交媒体在农技推广中效果的满意度。

H5：桥接型社会资本能够显著提升农技员对社交媒体在农技推广中效果的满意度。

（四）社会资本的中介作用

前文分别论述了不同类型的社交媒体和不同类型的社会资本，会对农技员使用社交媒体推广农业技术的效果产生影响，但是社交媒体和社会资本之间并不是割裂的，它们之间也是相互影响的。比如，社会资本会对农技员如何使用社交媒体产生影响（吴志远、陈欧阳，2017），而社交媒体的使用也会影响到个体的社会资本。美国学者卡茨、赖斯和阿斯普登（Katz，Rice and Aspden，2001）在其主持的美国第一个关于互联网使用的全国性大型纵向研究中发现，互联网的使用提升了人们社区参与和政治参与的积极性；经常使用互联网的人，在虚拟世界和在现实世界一样，都十分活跃。沙哈等（Shah，et al.，2001）发现，互联网可以帮助人们积累社会资本，但这种积累行为与人们在虚拟空间的活动类型有关。而且，信息搜集类活动有助于社会资本的积累，年轻人通过互联网进行信息交流影响着个体的人际信任和社会参与。

从上述研究可以发现，社交媒体与社会资本能够相互产生影响，而且两者都对满意度产生影响。因此，在研究社交媒体使用如何影响农技员的农技推广效果满意度时，应考虑社会资本所起到的中介作用。

事实上，一些类似的研究已经证明了社会资本有这种中介效应。朱少英、齐二石（2009）的研究认为，双方如果缺乏必要的信任，就会影响到知识共享或者技术传播的效率，继而对知识共享或者技术传播的满意度产生影响；而利用社交媒体进行高频次的沟通，可以帮助双方产生信任。刘佳佳、陈涛、朱智洺（2013）的研究也表明，传授者与接受者通过社交媒体频繁地互动和交往，可以促进彼此间的了解，传授者可以清楚接受者需要什么技术或者知识、要解决什么问题，从而有针对性地提供信息和知识，帮助对方解决问题和困难，提升技术或者知识的传播效率。他们进一步认为，彼此间的信任，使个体或者组织相信，即便让合作伙伴获取自己掌握的知识和信息，对方也不会做出有损自己利益的事，因此愿意与外部分享信息和知识。美国学者莱茵戈德（2013：120）表示，在网络世界里，参与行为本身能够创造独特的归属感，能够完善自我。在数字联网公共空间组成的世界里，如果你知道如何参与网络，就有可能获得影响现实世界的强大力量。莱茵戈德（2013：126）对加州大学的年轻人使用新媒体的方式进行调研后发现：交互式、数字化和网络化的媒体形式正在支撑起获取知识的新途径和独一无二的新学习文化；在网络化和数字媒体环境中，学习是通过个体互相分享知识完成的；人们通过搜索信息或者向懂行的同龄人寻求帮助来获取与他们工作相关的知识，并且在他人需要帮助时给予回报；持续不断的反馈和表现与日常学习、创造相融合。他们清晰地表明社交媒体、社会资本、知识传播三者之间是如何相互作用的。

据此，本文提出如下假设：

H6：社会资本在社交媒体使用与农技员对社交媒体在农技推广中效果的满意度之间起中介作用。

三　研究：探索性因子分析和多元线性回归模型

（一）样本的采集

2015 年，课题组与湖北省农业厅（2018 年 11 月改组为湖北省农业农村厅）合作，获得该厅关于各县农业技术推广的绩效评价，将湖北 105 个涉农县划分为高绩效县、中绩效县和低绩效县三个层次。然后，在每个层次随机抽取 4 个县共 12 个县作为研究样本。这 12 个县一共有 200 多个乡镇，研究人员对其进行整群抽样，并发放问卷 1300 份，回收问卷 980 份，去掉无效问卷，最终获得有效问卷 951 份，问卷有效率 73%。

（二）分析工具的选用

多元线性回归模型旨在找出一个自变量的线性组合，能以简单明了的方式，说明一组自变量与因变量之间的关系。多元线性回归模型还可以说明自变量的线性组合对因变量的解释力有多大，哪些自变量对因变量更有解释力（吴明隆，2010：376）。根据本研究的实际情况，课题组采用多元线性回归模型作为统计分析工具。

对中介的检验，课题组采取 Hayes 开发的基于 SPSS 和 SAS 的中介和调节效应分析程序插件 Process。在 Process 开发之前，中介效应分析要分三步进行，且中介效应的 Bootstrap 检验需要特别设置；而 Process 的中介效应分析可以一步到位且中介效应的 Bootstrap 检验可以自动处理。所以，越来越多的人采用 Process 软件（温忠麟、叶宝娟，2014）。本研究拟检验两个中介变量在多个自变量与一个因变量之间的中介关系，所以也采用 Process 软件。

（三）模型的建构

1. 因变量的设置以及测量

本研究的因变量是农技员在农技推广中使用社交媒体之后对其效果的满意度。课题组询问农技员使用 QQ、微信以及微博为农技推广带来怎样的效果，同时，提供 3 级量表，从 1～3 分别是完全没有效果、有些效果、效果很好，供应答者选择，详见表 1。

表 1　不同类型社交媒体使用感知效果数据描述

社交媒体类型	感知效果		
	1. 完全没有效果	2. 有些效果	3. 效果很好
QQ	69 人（7.3%）	521 人（54.8%）	361 人（38.0%）
微信	72 人（7.6%）	610 人（64.1%）	269 人（28.3%）
微博	128 人（13.5%）	576 人（60.6%）	247 人（26.6%）
社交媒体使用整体效果	均值 2.213，标准差 0.508		

然后，利用探索性因子分析找出它们的共同因子。探索性因子分析的检验显示，KMO 为 0.640，Bartlett 球形检验显著；可靠性统计检验显示，克隆巴赫系数为 0.727。统计检验表明，3 个题项适合提取公因子。然后，采取对相关题项得分加总平均的方式，得出农技员在农技推广中使用社交媒体之后对其效果的满意度指数（见表 2）。

表 2　成分矩阵

题项	社交媒体使用效果（公因子）
v34c 微信使用	.866
v34a QQ 使用	.788
v34d 微博使用	.756

2. 自变量

（1）社交媒体使用变量。

根据黄、辛格和高斯（Huang, Singh and Ghose, 2010），冈萨雷斯等

（Gonzalez，et al.，2013）的观点，本研究将社交媒体的使用动机分为工具性使用动机和社交性使用动机两大类。其中对工具性使用动机的测量，根据现有多个成熟的量表操作化为 6 个题项，分别是看朋友消息、看朋友圈消息、看新闻、发表博文微博、转发新闻、转发消息，采用 7 级量表，从 1 到 7 分别是从不、几个月 1 次、每月 1 到 3 次、每周 1 到 2 次、每周 3 到 6 次、每天 1 次、每天多次。

对这 6 个题项进行验证性因子分析。因子分析的检验显示，KMO 为 0.811，Bartlett 球形检验显著，方差解释度为 77%；可靠性统计检验显示，克隆巴赫系数为 0.866。统计检验表明，6 个题项适合提取公因子。利用方差最大化法对公因子进行旋转，得出两个因子，分别命名为"信息搜寻""信息分享"，并将其作为社交媒体工具性使用动机的两个不同维度（见表 3）。

表 3　旋转后的成分矩阵（工具性使用动机）

题项	1. 信息搜寻	2. 信息分享
v18d 看朋友消息	.902	.214
v18h 看朋友圈消息	.876	.235
v18b 看新闻	.871	.190
v18e 发表博文微博		.804
v18l 转发新闻	.389	.765
v18k 转发消息	.522	.699

从表 3 可以看出，两个公因子各自题项的因子载荷都要远远高于题项交叉部分的载荷，说明量表具有较好的聚合效度和区分效度（Chin，1998）。然后，采取对相关题项得分加总平均的方式，得出信息搜寻、信息分享的分值。

根据现有成熟的量表，将社交性使用动机也操作化为 6 个题项，分别是联系同事、联系同学、联系农民、联系家人、联系本地亲戚、联系本地朋友邻居的频率，采用 5 级量表，从 1 到 5 分别是完全不用、偶尔用、有时用、经常用、天天用。

对这 6 个题项进行验证性因子分析。因子分析的检验显示，KMO 为 0.859，Bartlett 球形检验显著，方差解释度为 75%；可靠性统计检验显示，克隆巴赫系数为 0.872。统计检验表明，6 个题项适合提取公因子。利用方差最大化法对公因子进行旋转，得出两个因子，分别命名为"业缘联系""亲缘联系"，并将其作为社交媒体社交性使用动机的两个维度（见表4）。

表4　旋转后的成分矩阵（社交性使用动机）

题项	1. 亲缘联系	2. 业缘联系
v20a 联系家人	.836	.323
v20b 联系本地亲戚	.889	.265
v20d 联系本地朋友邻居	.683	.440
v20h 联系同学	.271	.848
v20g 联系同事	.302	.839
v20i 联系农民	.394	.643

从表4可以看出，两个公因子各自题项的因子载荷都要远远高于题项在交叉部分的载荷，说明量表具有较好的聚合效度和区分效度。然后，采取对相关题项得分加总平均的方式，得出亲缘联系、业缘联系的分值。

根据因子分析的结果，将H1、H2的假设进一步细化为：

H1：工具性使用社交媒体能够显著提升农技员对社交媒体在农技推广中效果的满意度。

H1a：社交媒体的信息搜寻动机能够显著提升农技员对社交媒体在农技推广中效果的满意度。

H1b：社交媒体的信息分享动机能够显著提升农技员对社交媒体在农技推广中效果的满意度。

H2：社交性使用社交媒体能够显著提升农技员对社交媒体在农技推广中效果的满意度。

H2a：社交媒体的业缘联系能够显著提升农技员对社交媒体在农技推广中效果的满意度。

H2b：社交媒体的亲缘联系能够显著提升农技员对社交媒体在农技推广中效果的满意度。

（2）社会资本变量。

依据普特南等人的研究以及现有成熟的量表，课题组设计了6个题项测量农技员个体的黏合型社会资本和桥接型社会资本，分别是："v19a 看见朋友或者是认识的人在社交媒体上分享好消息的时候，我会试着回复""v19d 看见朋友或者是认识的人在社交媒体上分享让人难过的消息的时候，我会试着回复""v19j 当朋友或者是认识的人过生日的时候，我会在社交媒体上祝她/他生日快乐""v19m 我愿意花时间去参加和支持我的社区的活动""v19n 与社交媒体上朋友的交流让我和更多新认识的人聊天""v19o 通过社交媒体，我总是能和新朋友建立联系"。对这些题目的应答，采用 5 级量表，从 1 到 5 分别是非常不同意、不同意、中立、同意、非常同意。

对这 6 个题项进行验证性因子分析。因子分析的检验显示，KMO 为 0.801，Bartlett 球形检验显著，方差解释度为 77%；可靠性统计检验显示，克隆巴赫系数为 0.794。统计检验表明，6 个题项适合提取公因子。利用方差最大化法对公因子进行旋转，得出两个公因子，分别命名为"桥接型社会资本""黏合型社会资本"，并将其作为农技员社会资本的两个维度（见表 5）。

表 5　旋转后的成分矩阵（社会资本）

题项	1. 黏合型社会资本	2. 桥接型社会资本
v19o 和新朋友建立联系	.882	
v19n 和新认识的人聊天	.817	.274
v19m 参加社区活动	.698	.334
v19d 回复难过消息	.106	.778
v19a 回复好消息	.235	.758
v19j 祝贺生日	.296	.686

从表 5 可以看出，两个公因子各自题项的因子载荷都要远远高于这些题项在交叉部分的载荷，说明量表具有较好的聚合效度和区分效度。然后，采取对相关题项得分加总平均的方式，得出桥接型社会资本、黏合型社会资本的分值。

3. 中介效应的检验

上文通过对社交媒体使用变量和社会资本变量的因子分析，得出信息搜寻、信息分享、业缘联系、亲缘联系、黏合型社会资本、桥接型社会资本等多个新变量，可将前面的假设"H6：社会资本在社交媒体使用与农技员对社交媒体在农技推广中效果的满意度之间起中介作用"细化为下面8个假设，来深入分析社会资本是否真的在社交媒体使用与农技员对社交媒体在农技推广中效果的满意度之间起中介作用：

H6a：桥接型社会资本在社交媒体信息搜寻动机与农技员对社交媒体在农技推广中效果的满意度之间起中介作用。

H6b：桥接型社会资本在社交媒体信息分享动机与农技员对社交媒体在农技推广中效果的满意度之间起中介作用。

H6c：桥接型社会资本在社交媒体业缘联系行为与农技员对社交媒体在农技推广中效果的满意度之间起中介作用。

H6d：桥接型社会资本在社交媒体亲缘联系行为与农技员对社交媒体在农技推广中效果的满意度之间起中介作用。

H6e：黏合型社会资本在社交媒体信息搜寻动机与农技员对社交媒体在农技推广中效果的满意度之间起中介作用。

H6f：黏合型社会资本在社交媒体信息分享动机与农技员对社交媒体在农技推广中效果的满意度之间起中介作用。

H6g：黏合型社会资本在社交媒体业缘联系行为与农技员对社交媒体在农技推广中效果的满意度之间起中介作用。

H6h：黏合型社会资本在社交媒体亲缘联系行为与农技员对社交媒体在农技推广中效果的满意度之间起中介作用。

4. 控制变量

根据美国学者奥利弗（Oliver，1980）的"期望—实绩"模型，农技员所服务的农户对绿色农业技术的即将采用率、农技员对在农业技术推广中使用社交媒体工具所抱有的期望值等变量有可能影响农技员对社交媒体在农技推广中效果的满意度。

为了检验信息搜寻、信息分享、业缘联系、亲缘联系、桥接型社会资本、黏合型社会资本是否会显著影响农技员对社交媒体在农技推广中效果的满意度，本研究将把农技员所服务的农户对绿色农业技术的即将采用率、农技员对在农业技术推广中使用社交媒体工具所抱有的期望值变量，也代入多元线性回归模型之中，并对这两个变量的影响加以控制。

为测量农户对绿色农业技术的即将采用率，本研究设计了3个题项，分别是："在您服务的农民中，有多少人准备在新的一年里采用测土配方施肥技术？""在您服务的农民中，有多少人准备在新的一年里采用绿色无公害农药？""在您服务的农民中，有多少人准备在新的一年里采用绿色防控技术（杀虫灯、性诱剂、黏虫黄板）？"课题组提供10个选项供应答者选择，从1~10分别为0~10%、11%~20%、21%~30%、31%~40%、41%~50%、51%~60%、61%~70%、71%~80%、81%~90%、91%~100%。

对这3个题项进行探索性因子分析，结果显示，KMO为0.715，Bartlett球形检验显著，方差解释度为78%；可靠性统计检验显示，克隆巴赫系数为0.860，题项内部一致信度较强。统计检验表明，3个题项适合提取公因子。然后，采取对相关题项得分加总平均的方式，得出即将采用率的分值。

而测量农技员对在农业技术推广中使用社交媒体工具所抱有的期望值变量的题项是"你看好社交媒体将来在农技推广中的作用吗？"答案采用5级量表，从1到5分别是不看好、不确定、有点看好、看好、非常看好。

四 发现：社交媒体类型、社会资本差异影响使用满意度

（一）社交媒体类型与满意度差异

农技员对3种不同社交媒体使用感知效果描述性统计以及配对样本T检验的情况见表6以及表7。

表6 不同类型社交媒体使用感知效果描述性统计

社交媒体类型	均值	标准差
QQ	2.2072	0.56213
微信	2.1251	0.61568
微博	1.6551	0.59725

注：样本量=951。

表7　不同类型社交媒体使用感知效果的配对样本 T 检验结果

不同类型配对	t	自由度	显著性（双尾）
QQ 使用 – 微博使用	25.752	950	.000
微信使用 – 微博使用	23.987	950	.000
QQ 使用 – 微信使用	4.519	950	.000

对农技员分别使用 QQ、微信、微博作为农技推广工具之后所感知的效果分值，利用 SPSS 进行配对样本 T 检验，结果发现，农技员对使用这 3 种社交媒体作为农技推广工具的感知效果有显著差异。其中，农技员使用 QQ 在农技推广中所感知的效果最好，使用微博的感知效果最差。这符合实际情况，因为 2015 年，在农村地区，在对社交媒体的使用中，QQ 占主导地位，而微博的主要使用人群是城市"白领"。

由此，"H3：不同类型的社交媒体在提升农技员对社交媒体在农技推广中效果的满意度方面有显著差异"得到统计验证。

（二）满意度影响因素分析

以满意度为因变量，社交媒体使用的 4 个维度信息搜寻、信息分享、业缘联系、亲缘联系以及社会资本的 2 个维度桥接型社会资本、黏合型社会资本为自变量，以农技员所服务的农户对绿色农业技术的即将采用率（简称农户对绿色农技的即将采用率）、农技员对在农业技术推广中使用社交媒体工具所抱有的期望值（简称农技员的期望值）为控制变量，构建多元线性回归模型，分析结果详见表 8、表 9、表 10。

表8　模型摘要

R^2	调整后的 R^2	标准估算的错误	Durbin-Watson（U）
.327	.321	.41835	2.007

表9　模型有效性检验

模型		平方和	自由度	均方	F	显著性
1	回归	80.167	8	10.021	57.257	.000
	残差	164.865	942	.175		
	总计	245.032	950			

因变量：v34x 满意度

可以看出，对满意度的预测模型整体有效，对因变量的解释率调整后的 $R^2 = 32.1\%$。

表 10　满意度预测模型分析结果

模型	非标准化系数	标准误	标准化系数	t	显著性	容差	VIF
（常量）	.752	.108		6.970	.000		
农户对绿色农技的即将采用率	.013	.006	.062	2.273	.023	.964	1.037
农技员的期望值	.116	.013	.257	8.993	.000	.872	1.147
信息搜寻	.014	.009	.054	1.561	.119	.597	1.674
信息分享	.002	.011	.005	.137	.891	.615	1.626
业缘联系	.240	.023	.367	10.491	.000	.583	1.716
亲缘联系	.008	.021	.013	.386	.700	.598	1.673
桥接型社会资本	.059	.029	.066	2.058	.040	.689	1.451
黏合型社会资本	-.013	.031	-.014	-.429	.668	.652	1.533

从表 10 可以发现，自变量的方差膨胀系数（VIF）均在 3 以下，表明自变量之间并不存在严重共线性问题，符合进行多元线性回归模型分析的前提条件；社交媒体使用变量中的业缘联系维度和社会资本变量中的桥接型社会资本维度均对满意度有显著的预测作用。

此外，农技员所服务的农户对绿色农业技术的即将采用率和农技员在农业技术推广中使用社交媒体工具所抱有的期望值这两个控制变量对满意度都有显著的预测作用。而社交媒体的工具性使用动机对满意度的影响并不显著。

因此，前文假设"H2a：社交媒体的业缘联系能够显著提升农技员对社交媒体在农技推广中效果的满意度""H5：桥接型社会资本能够显著提升农技员对社交媒体在农技推广中效果的满意度"得到验证。

（三）社会资本的中介效应检验

在回归方程模型中，考虑自变量 X 对因变量 Y 的影响，如果 X 通过影响变量 M 来影响 Y，则称 M 为中介变量（温忠麟、刘红云、侯杰泰，2012：70）。

根据前面的文献综述以及相关假设，本研究利用 SPSS 中的 Process 中介效应分析软件对以下 8 个中介效应的假设逐一进行检验。

1. 信息搜寻（X）－桥接型社会资本（M）－满意度（Y）

在第 1 个中介模型中，以"桥接型社会资本"（v19y）为中介变量，以"信息搜寻"（v18x）为自变量，以"满意度"（v34x）为因变量，同时控制"信息分享"（v18y）、"业缘联系"（v20x）、"亲缘联系"（v20y）等变量。

利用 Process 软件对第 1 个中介模型进行分析得出的结果见表 11、表12、表 13。

表 11　以 v19y 为因变量的回归模型分析结果

	Coeff	Se	t	p	LLCI	ULCI
constant	2.553	0.077	33.311	0.000	2.403	0.040
v18x	0.018	0.011	1.574	0.116	-0.004	0.111
v18y	0.083	0.014	5.990	0.000	0.056	0.112
v20x	0.057	0.028	2.053	0.040	0.003	0.152
v20y	0.100	0.027	3.761	0.000	0.048	

$R^2 = 15.2\%$；$F = 42.369$；$p = 0.000$

从表 11 可以知道，以中介变量"桥接型社会资本"（v19y）为因变量的回归模型分析结果显示，社交媒体使用变量中，除"信息搜寻"（v18x）之外，"信息分享"（v18y）、"业缘联系"（v20x）、"亲缘联系"（v20y）都能够显著影响到"桥接型社会资本"（v19y）。

表 12　以 v34x 为因变量的回归模型分析结果（以 v19y 为中介变量）

	Coeff	Se	t	p	LLCI	ULCI
constant	0.970	0.094	10.365	0.000	0.787	1.154
v19y	0.077	0.027	2.867	0.004	0.024	0.130
v18x	0.013	0.009	1.374	0.170	-0.005	0.031
v18y	0.001	0.012	0.050	0.960	-0.022	0.024
v20x	0.294	0.023	12.686	0.000	0.248	0.339
v20y	0.008	0.022	0.354	0.723	-0.036	0.051

$R^2 = 26.1\%$；$F = 66.594$；$p = 0.000$

从表 12 可以知道，以"满意度"（v34x）为因变量的多元线性回归模型分析结果显示，社交媒体使用变量中，"业缘联系"（v20x）能够显著影响到

"满意度"（v34x）；而社会资本变量中，"桥接型社会资本"（v19y）能够显著影响到"满意度"（v34x），这与前面的分析一致。

表 13　v19y 的中介效应检验（中介模型 1）

Indirect effect of *X* on *Y*				
	Effect	*Boot SE*	*BootLLCI*	*BootULCI*
v19y	0.001	0.001	0.000	0.004
Normal theory tests for indirect effect				
	Effect	*Se*	*Z*	*p*
	0.001	0.001	1.319	0.187

从表 13 可以知道，在自变量"信息搜寻"（v18x）对因变量"满意度"（v34x）的影响过程中，中介变量"桥接型社会资本"（v19y）的效应接近显著。

2. 信息分享（*X*）－桥接型社会资本（*M*）－满意度（*Y*）

在第 2 个中介模型中，以"桥接型社会资本"（v19y）为中介变量，以"信息分享"（v18y）为自变量，以"满意度"（v34x）为因变量，同时控制"信息搜寻"（v18x）、"业缘联系"（v20x）、"亲缘联系"（v20y）等变量。

利用 Process 软件对第 2 个中介模型进行分析，由于以中介变量"桥接型社会资本"（v19y）为因变量的回归模型分析结果以及以"满意度"（v34x）为因变量的回归模型分析结果与第 1 个中介模型分析结果相同，这里不再赘述，而是重点分析第 2 个中介模型中"桥接型社会资本"（v19y）的中介效应（见表 14）。

表 14　v19y 的中介效应检验（中介模型 2）

Indirect effect of *X* on *Y*				
	Effect	*Boot SE*	*BootLLCI*	*BootULCI*
v19y	0.006	0.002	0.002	0.012
Normal theory tests for indirect effect				
	Effect	*Se*	*Z*	*p*
	0.006	0.003	2.557	0.011

从表 14 可以知道，在自变量"信息分享"（v18y）对因变量"满意度"（v34x）的影响过程中，中介变量"桥接型社会资本"（v19y）的效应显著。

3. 业缘联系（X）–桥接型社会资本（M）–满意度（Y）

在第 3 个中介模型中，以"桥接型社会资本"（v19y）为中介变量，以"业缘联系"（v20x）为自变量，以"满意度"（v34x）为因变量，同时控制"信息搜寻"（v18x）、"信息分享"（v18y）、"亲缘联系"（v20y）等变量。

利用 Process 软件对第 3 个中介模型进行分析，由于以中介变量"桥接型社会资本"（v19y）为因变量的回归模型分析结果以及以"满意度"（v34x）为因变量的回归模型分析结果与第 1 个中介模型分析结果相同，这里不再赘述，而是重点分析第 3 个中介模型中"桥接型社会资本"（v19y）的中介效应（见表 15）。

表 15   v19y 的中介效应检验（中介模型 3）

Indirect effect of X on Y				
	Effect	*Boot SE*	*BootLLCI*	*BootULCI*
v19y	0.004	0.003	0.001	0.011
Normal theory tests for indirect effect				
	Effect	*Se*	*Z*	*p*
	0.004	0.003	1.606	0.108

从表 15 可以知道，在自变量"业缘联系"（v20x）对因变量"满意度"（v34x）的影响过程中，中介变量"桥接型社会资本"（v19y）的效应接近显著。

4. 亲缘联系（X）–桥接型社会资本（M）–满意度（Y）

在第 4 个中介模型中，以"桥接型社会资本"（v19y）为中介变量，以"亲缘联系"（v20y）为自变量，以"满意度"（v34x）为因变量，同时控制"信息搜寻"（v18x）、"信息分享"（v18y）、"业缘联系"（v20x）等变量。

利用 Process 软件对第 4 个中介模型进行分析，由于以中介变量"桥接型社会资本"（v19y）为因变量的回归模型分析结果以及以"满意度"（v34x）为因变量的回归模型分析结果与第 1 个中介模型分析结果相同，这里不再赘述，而是重点分析第 4 个中介模型中"桥接型社会资本"（v19y）的中介效应（见表 16）。

表 16　v19y 的中介效应检验（中介模型 4）

Indirect effect of X on Y				
	Effect	*Boot SE*	*BootLLCI*	*BootULCI*
v19y	0.008	0.003	0.003	0.016
Normal theory tests for indirect effect				
	Effect	*Se*	*Z*	*p*
	0.008	0.003	2.231	0.026

从表 16 可以知道，在自变量"亲缘联系"（v20y）对因变量"满意度"（v34x）的影响过程中，中介变量"桥接型社会资本"（v19y）的效应显著。

5. 信息搜寻（X）－黏合型社会资本（M）－满意度（Y）

在第 5 个中介模型中，以"黏合型社会资本"（v19z）为中介变量，"信息搜寻"（v18x）为自变量，以"满意度"（v34x）为因变量，同时控制"信息分享"（v18y）、"业缘联系"（v20x）、"亲缘联系"（v20y）等变量。

利用 Process 软件对第 5 个中介模型进行分析所得出的结果见表 17、18、表 19。

表 17　以 v19z 为因变量的回归模型分析结果

	Coeff	*Se*	*t*	*p*	*LLCI*	*ULCI*
constant	2.633	0.070	37.346	0.000	2.494	2.771
v18y	0.077	0.013	5.976	0.000	0.051	0.102
v18x	0.053	0.010	5.117	0.000	0.033	0.073
v20x	-0.001	0.026	-0.027	0.978	-0.051	0.050
v20y	0.101	0.024	4.147	0.000	0.053	0.149

$R^2 = 19.9\%$ ；$F = 58.705$ ；$p = 0.000$

从表 17 可以知道，以中介变量"黏合型社会资本"（v19z）为因变量的回归模型分析结果显示，社交媒体使用变量中，"信息搜寻"（v18x）、"信息分享"（v18y）以及"亲缘联系"（v20y）都能够显著影响到"黏合型社会资本"（v19z）。

表 18　以 v34x 为因变量的回归模型分析结果（以 v19z 为中介变量）

	Coeff	*Se*	*t*	*p*	*LLCI*	*ULCI*
constant	1. 068	0. 100	10. 653	0. 000	0. 871	1. 264
v19z	0. 038	0. 029	1. 288	0. 198	− 0. 020	0. 096
v18y	0. 004	0. 012	0. 350	0. 726	− 0. 019	0. 027
v18x	0. 012	0. 009	1. 286	0. 199	− 0. 006	0. 031
v20x	0. 298	0. 023	12. 862	0. 000	0. 253	0. 344
v20y	0. 012	0. 022	0. 526	0. 599	− 0. 032	0. 055

$R^2 = 25.5\%$；$F = 64.835$；$p = 0.000$

从表 18 可以知道，以"满意度"（v34x）为因变量的回归模型分析结果显示，在社交媒体使用变量中，仅有"业缘联系"（v20x）能够显著影响到"满意度"（v34x），这与前面的分析一致。

表 19　v19z 的中介效应检验（中介模型 5）

Indirect effect of *X* on *Y*

	Effect	*Boot SE*	*BootLLCI*	*BootULCI*
v19z	0. 002	0. 002	− 0. 001	0. 006

Normal theory tests for indirect effect

Effect	*Se*	*Z*	*p*
0. 002	0. 002	1. 227	0. 220

从表 19 可以知道，在自变量"信息搜寻"（v18x）对因变量"满意度"（v34x）的影响过程中，中介变量"黏合型社会资本"（v19z）的效应并不显著。

6. 信息分享（X）－黏合型社会资本（M）－满意度（Y）

在第 6 个中介模型中，以"黏合型社会资本"（v19z）为中介变量，以"信息分享"（v18y）为自变量，以"满意度"（v34x）为因变量，同时控制"信息搜寻"（v18x）、"业缘联系"（v20x）、"亲缘联系"（v20y）等变量。

利用 Process 软件对第 6 个中介模型进行分析，由于以中介变量"黏合型社会资本"（v19z）为因变量的回归模型分析结果以及以"满意度"（v34x）为因变量的回归模型分析结果与第 5 个中介模型分析结果相同，这里不再赘述，而是重点分析第 6 个中介模型中"黏合型社会资本"（v19z）的中介效应（见表 20）。

表 20　v19z 的中介效应检验（中介模型 6）

Indirect effect of *X* on *Y*				
	Effect	*Boot SE*	*BootLLCI*	*BootULCI*
v19z	0.003	0.002	− 0.001	0.008
Normal theory tests for indirect effect				
	Effect	*Se*	*Z*	*p*
	0.003	0.002	1.243	0.214

从表 20 可以知道，在自变量"信息分享"（v18y）对因变量"满意度"（v34x）的影响过程中，中介变量"黏合型社会资本"（v19z）的效应并不显著。

7. 业缘联系（*X*）－黏合型社会资本（*M*）－满意度（*Y*）

在第 7 个中介模型中，以"黏合型社会资本"（v19z）为中介变量，以"业缘联系"（v20x）为自变量，以"满意度"（v34x）为因变量，同时控制"信息搜寻"（v18x）、"信息分享"（v18y）、"亲缘联系"（v20y）等变量。

利用 Process 软件对第 7 个中介模型进行分析，由于以中介变量"黏合型社会资本"（v19z）为因变量的回归模型分析结果以及以"满意度"（v34x）为因变量的回归模型分析结果与第 5 个中介模型分析结果相同，这里不再赘述，而是重点分析第 7 个中介模型中"黏合型社会资本"（v19z）的中介效应（见表 21）。

表 21　v19z 的中介效应检验（中介模型 7）

Indirect effect of *X* on *Y*				
	Effect	*Boot SE*	*BootLLCI*	*BootULCI*
v19z	0.000	0.001	− 0.003	0.002
Normal theory tests for indirect effect				
	Effect	*Se*	*Z*	*p*
	0.000	0.001	− 0.022	0.983

从表 21 可以知道，在自变量"业缘联系"（v20x）对因变量"满意度"（v34x）的影响过程中，中介变量"黏合型社会资本"（v19z）的效应并不显著。

8. 亲缘联系（X）－黏合型社会资本（M）－满意度（Y）

在第 8 个中介模型中，以"黏合型社会资本"（v19z）为中介变量，以"亲缘联系"（v20y）为自变量，以"满意度"（v34x）为因变量，同时控制"信息搜寻"（v18x）、"信息分享"（v18y）、"业缘联系"（v20x）等变量。

利用 Process 软件对第 8 个中介模型进行分析，由于以中介变量"黏合型社会资本"（v19z）为因变量的回归模型分析结果以及以"满意度"（v34x）为因变量的回归模型分析结果与第 5 个中介模型分析结果相同，这里不再赘述，而是重点分析第 8 个中介模型中"黏合型社会资本"（v19z）的中介效应（见表 22）。

表 22 　v19z 的中介效应检验（中介模型 8）

Indirect effect of X on Y				
	Effect	*Boot SE*	*BootLLCI*	*BootULCI*
v19z	0.004	0.003	－ 0.002	0.011
Normal theory tests for indirect effect				
	Effect	*Se*	*Z*	*p*
	0.004	0.003	1.199	0.231

从表 22 可以知道，在自变量"亲缘联系"（v20y）对因变量"满意度"（v34x）的影响过程中，中介变量"黏合型社会资本"（v19z）的效应并不显著。

综上所述，假设"H6a：桥接型社会资本在社交媒体信息搜寻动机与农技员对社交媒体在农技推广中效果的满意度之间起中介作用""H6b：桥接型社会资本在社交媒体信息分享动机与农技员对社交媒体在农技推广中效果的满意度之间起中介作用""H6c：桥接型社会资本在社交媒体业缘联系行为与农技员对社交媒体在农技推广中效果的满意度之间起中介作用""H6d：桥接型社会资本在社交媒体亲缘联系行为与农技员对社交媒体在农技推广中效果的满意度之间起中介作用"得到验证，其余 4 个中介作用的假设没有得到统计验证。

五　建议：利用社交媒体建立农技推广大型交流协作体

本研究探讨了社交媒体使用变量和社会资本变量对农技员使用社交媒体作为农技推广工具满意度的影响；同时，对不同类型社会资本在社交媒体使用与农技员对社交媒体在农技推广中效果的满意度之间起中介作用进行检验，获得了一系列有价值的发现。

（一）社交性使用社交媒体对农技员的帮助更大

对以农技员在农技推广中使用社交媒体之后对其效果的满意度为因变量的多元线性回归模型分析结果进行进一步探讨，可以发现，在社交媒体使用变量中，通过直接使用社交媒体来进行信息搜寻或者信息分享从而增强农技员的专业能力，并不能提升农技员对社交媒体新工具在工作中使用效果的满意度；真正起作用的是，社交媒体加强了业缘联系（包括与同事、同学以及服务对象农民的联系），提升了满意度。对此，较为合理的解释是，农技员利用社交媒体工具，加强了与农技推广工作相关人群的联系，依靠集体的智慧，最终促进农业技术推广效率的提升。

（二）打破农技员同质交往小圈子有助于提升农技推广效率

在对 8 个中介效应的检验过程中课题组发现，社交媒体使用动机的每一个维度都有助于提升农技员个体的社会资本，既包括黏合型社会资本，也包括桥接型社会资本。与此同时，相对于黏合型社会资本，桥接型社会资本更有助于提升农技员对社交媒体工具的满意度。对桥接型社会资本的测量题项中主要涵盖与异质性的人建立联系的意愿和程度这样的内容，这说明社交媒体极大地拓展了农技员业缘联系的圈子，他们不仅与熟悉的人探讨先进农业技术推广工作，而且与原本陌生的同行建立起了联系。

现有的农技员群体同质性比较强，大家对农技推广工作的了解和掌握情况大体相当。在这种情况下，社交媒体的出现，能促使农技员有更多的机会与异质性同行交往，有助于他们获得更全面的知识，从多个角度解决问题。

（三）是保守技术秘密还是开放协作

从前面两点总结还可以再延伸一步，也就是在移动互联网背景下，审视农业生产观念是如何被改变的。

在传统农业社会，农民对自己在生产实践中积累起来的技术经验大都秘而不宣，希望自己独占。如果每个人都这样想，就会导致农村的封闭保守。

本研究在构建多元线性回归模型时也考虑了这个因素，认为生活在农村地区的农技员也会受到农民的影响，他们只是将社交媒体作为自己掌握和了解先进农业技术的一个有用工具。不过，研究得出的结果恰恰相反，农技员并不是"单打独斗"，而是开放协作，从而使农业技术的传播效率更高。

本研究的量化统计分析结果显示，那些与外界特别是异质性同行有更多交流的人，对社交媒体这个新工具的满意度更高，因为他们发现，利用社交媒体与同行沟通更有助于其了解和传播先进农业技术。

这一发现与莱茵戈德的研究结论是吻合的。莱茵戈德（2013：174）认为，高强度的协作能够催生激动人心的素养，社交媒体可以帮助志同道合的陌生人迅速建立社交圈子，从而形成更强大的合力。

（四）利用社交媒体推动农技推广大型交流协作体的成立

根据以上讨论结果，本研究认为，在针对农技员或者农民的培训中，应该鼓励研发、推广、应用先进农业技术的各群体利用社交媒体的便捷性成立一个大规模、多元化的协作体。在社交媒体得到普遍应用的情况下，有很多行业成立了这种协作体，比如知乎、百度百科等知识型 App，它们将千万人的智慧集中呈现到一个平台上，从而让所有人受益。

正如詹金斯、伊藤瑞子、博伊德（2017：87）在阐释他们的研究结果时所说："在移动互联网时代，联系才能带来机会。"他们认为，在大型、多元化的有特定主题的协作体里，不同受教育水平、不同年龄、不同技术背景的人共同参与到知识的普及中，能够为协作体创造更多的价值。在互联学习模式中，个人和团体成果被认为是互相联系的，学习环境的主旋律是对能力、高质量文化和知识的建构而不是彼此竞争稀缺的机会。

总结以上观点，推动社交媒体在农村地区，特别是在农业生产中的广泛应用，有助于建立大规模协作体，使其更加适应现代市场。

参考文献

艾沙姆、卡科尔，2004，《参与行动和社会资本是如何影响以社区为基础的水供应工程的》，载 C. 格鲁特尔特、T. 范·贝斯特纳尔编《社会资本在发展中的作用》，黄载曦、杜卓君、黄治康译，成都：西南财经大学出版社。

董金权、洪亚红，2017，《爱与痛的边缘：青少年使用社会化媒体调查研究》，北京：光明日报出版社。

亨利·詹金斯、伊藤瑞子、丹娜·博伊德，2017，《参与的胜利：网络时代的参与文化》，高芳芳译，杭州：浙江大学出版社。

黄艳，2009，《大学生新生满意度影响因素测评研究》，硕士学位论文，合肥工业大学。

霍华德·莱茵戈德，2013，《网络素养：数字公民、集体智慧和联网的力量》，张子凌、老卡译，北京：电子工业出版社。

加里·阿姆斯特朗、菲利普·科特勒、王永贵，2017，《市场营销学（第 12 版 全球版）》，王永贵等译，北京：中国人民大学出版社。

理查德·格里格、菲利普·津巴多，2003，《心理学与生活》，王垒、王甦等译，北京：人民邮电出版社。

刘佳佳、陈涛、朱智洺，2013，《企业社会资本与知识共享关系研究——以知识获取为中介变量》，《科技进步与对策》第 4 期。

刘振伟、李飞、张桃林主编，2013，《农业技术推广法导读》，北京：中国农业出版社。

温忠麟、刘红云、侯杰泰，2012，《调节效应和中介效应分析》，北京：教育科学出版社。

温忠麟、叶宝娟，2014，《有调节的中介模型检验方法：竞争还是替补？》，《心理学报》第 3 期。

Werner J. Severin、James W. Tankard, Jr.，2006，《传播理论：起源、方法与应用（第 5 版）》，郭镇之等译，北京：中国传媒大学出版社。

吴明隆，2010，《问卷统计分析实务——SPSS 操作与应用》，重庆：重庆大学出版社。

吴志远、陈欧阳，2017，《资本禀赋差异与农技员社交媒体使用》，《现代传播（中国传媒大学学报）》第 3 期。

张新、马良、张戈，2018，《社交媒体使用与员工绩效的关系研究》，《管理科学》第 3 期。

朱少英、齐二石，2009，《组织学习中群体间知识共享行为影响因素分析》，《管理学报》第 6 期。

Adler, P. S. and Kwon, S. W. 2002. "Social Capital: Prospect for a New Concept." *Academy of Management Review* 27 (1): 17–40.

Ali-hassan, H., Nevo, D., and Wade, M. 2015. "Linking Dimensions of Social Media Use to Job Performance: The Role of Social Capital." *The Journal of Strategic Information Systems* 24 (2): 65 – 89.

Bebbington, A. 1997. "Social Capital and Rural Intensification: Local Organizations and Islands of Sustainability in the Rural Andes." *The Geographical Journal* 163 (2): 189.

Brooks and Stoney. 2015. "Does Personal Social Media Usage Affect Efficiency and Well-being?" *Computers in Human Behavior* 46 (5): 26 – 37.

Burt, R. S. 1992. *Structural Holes: The Social Structure of Competition.* Cambridge: Harvard University Press.

Charoensukmongkol and Peerayuth. 2014. "Effects of Support and Job Demands on Social Media Use and Work Outcomes." *Computers in Human Behavior* 36 (C): 340 – 349.

Chin, W. W. 1998. "The Partial Least Squares Approach to Structural Equation Modeling." *Modern Methods for Business Research* 295: 295 – 336.

Chiu, C. M., Hsu, M. H., and Wang, E. T. G. 2006. "Understanding Knowledge Sharing in Virtual Communities: An Integration of Social Capital and Social Cognitive Theories." *Decision Support Systems* 42 (3): 1872 – 1888.

Counts, E. 2006. "From Gertie to Gigabytes: Revealing the World with Digital Media." *International Journal of Instructional Media* 33 (1): 9.

Gonzalez, E., Leidner, D., Riemenschneider, C., and Koch, H. 2013. "The Impact of Internal Social Media Usage on Organizational Socialization and Commitment." In Proceedings of International Conference on Information Systems 2013. Italy: Milan, pp. 1 – 18.

Han, J., Han, J., and Brass, D. J. 2014. "Human Capital Diversity in the Creation of Social Capital for Team Creativity." *Journal of Organizational Behavior* 35 (1): 54 – 71.

Han, J. Y. and Hovav, A. 2013. "To Bridge or to Bond? Diverse Social Connections in an IS Project Team." *International Journal of Project Management* 31 (3): 378 – 390.

Huang, Y., Singh, P. V., and Ghose, A. 2010. "Show Me the Incentives for Blogging: A Dynamic Structural Model of Employee Behavior." In Proceedings of International Conference on Information Systems 2010. America: St. Louis.

Jakobsen, S. E., and Lorentzen, T. 2015. "Between Bonding and Bridging: Regional Differences in Innovative Collaboration in Norway." *Norsk Geografisk Tidsskrift* 69 (2): 80 – 89.

Kankanhalli, A., Tan B. C. Y., and Wei, T. K. K. 2005. "Contributing Knowledge to Electronic Knowledge Repositories: An Empirical Investigation." *Mis Quarterly* 29 (1): 113 – 143.

Katz, E., Gurevitch, M., and Haas, H. 1973. "On the Use of the Mass Media for Important

Things. " American Sociological Review 38 (2): 164 – 181.

Katz, J. E. , Rice, R. E. , and Aspden, P. 2001. "The Internet, 1995 – 2000: Access, Civic Involvement, and Social Interaction. " *American Behavioral Scientist* 45 (3): 405 – 419.

Leftheriotis, I. , and Giannakos, M. N. 2014. "Using Social Media for Work: Losing Your Time or Improving Your Work?" *Computers in Human Behavior* 31 (1): 134 – 142.

Luo, M. M. , Chea, S. , and Chen, J. S. 2011. "Web-based Information Service Adoption: A Comparison of the Motivational Model and the Uses and Gratifications Theory. " *Decision Support Systems* 51 (1): 21 – 30.

Narayan, D. 1999. "Bonds and Bridges: Social Capital and Poverty. " Washington D. C. : The World Bank Library.

Oliver, Richard, L. 1980. "A Cognitive Model of the Antecedents and Consequences of Satisfaction Decision. " *Journal of Marketing Research* , November: 460 – 469.

Perse, E. M. , and Dunn, D. G. 1995. "The Utility of Home Computers and Media Use: Implications of Multimedia and Connectivity. " *Journal of Broadcasting & Electronic Media* 42 (4): 435 – 456.

Portes, A. 1998. "Social Capital: Its Origins and Applications in Modern Sociology. " *Annual Review of Sociology* 24: 1 – 24.

Putnam, R. D. 1995. "Bowling Alone: America's Declining Social Capital. " *Journal of Democracy* 6 (1): 65 – 78.

Shah, Nojin Kwak, Dhavan, V. , and R. Lance Holbert. 2001. " 'Connecting' and 'Disconnecting' with Civic Life: Patterns of Internet Use and the Production of Social Capital. " *Political Communication* 18 (2): 141 – 162.

Tan, J. , Zhang, H. , and Wang, L. 2014. "Network Closure or Structural Hole? The Conditioning Effects of Network-Level Social Capital on Innovation Performance. " *Entrepreneurship Theory and Practice* .

Vasudeva, G. and Anand, J. 2011. "Unpacking Absorptive Capacity: A Study of Knowledge Utilization from Alliance Portfolios. " *Academy of Management Journal* 54 (3): 611 – 623.

Wasko, M. L, and Faraj, S. 2005. "Why Should I Share? Examining Social Capital and Knowledge Contribution in Electronic Networks of Practice. " *Mis Quarterly* 29 (1): 35 – 57.

Widen-Wulff, G. , Ginman, M. 2004. "Explaining Knowledge Sharing in Organizations through the Dimensions of Social Capital. " *Journal of Information Science* 30 (5): 448 – 458.

Zoonen, W. V. , Toni, G. L. A. , Van der Meer, and Verhoeven, J. W. M. 2014. "Employees Work-related Social-media Use: His Master's Voice. " *Public Relations Review* 40 (5): 850 – 852.

247

后记
科研绝非没有温度

原以为开始在键盘上敲"后记"两个字的时候，我会感到无比轻松，因为历时 4 年的国家社科基金项目终于要画上一个阶段性的句号，但是，此时才发现，这不是结束，而是一个新的开始。这次研究找到一些答案，同时也为以后的研究预留了更多需要进一步探讨的问题。

为了完成这项研究，我又一次走进乡村，走进大山，走进平原，走进乡村，走进茶园、菜地，真切感受到来自田野中那种巨大的渴望——被我们称为"农民"的群体拒绝被边缘化，希望改变自己，希望能紧跟世界变化，与世界共同发展、共同进步。这让我深深感受到作为一个传播学者肩负的责任。

对于农民，我并非不熟悉。十多年前，我是《湖北日报》跑农业版块的记者，那时，我观察农村，报道农村，在另外一条战线上研究农村，撰写关于农村的文章。而当我进入高校，成为一名科研人员，要摈弃以往的思维习惯，以新的方式去研究农村的时候，我才发现，这条路有多么艰辛：尽管我认为自己对农村很熟悉，也有洞察力，但是，要将这种熟悉和洞察力用严谨的逻辑和科学的方法，以一套全新的、陌生的表达体系，变成人类建设的越来越高的知识大厦中的一块砖，我的前面有无数座山、无数个坎要逾越和迈过。

我是幸运的，一路上得到众多学者和朋友的帮助。

在调查问卷设计阶段，长江学者、美国南卡罗来纳州立大学魏然老师和他的科研伙伴刘迅老师为问卷的设计倾注了大量心血。

项目实施过程中，北京师范大学的胡智锋老师，中国人民大学的匡文波老师，华中科技大学的张昆老师、钟瑛老师、张明新老师，武汉大学的强月新老师、单波老师，中国传媒大学的潘可武老师，澳大利亚科廷大学的李士林老师先后通过各种方式对这个科研项目给予了悉心的指导。

数据采集过程中，我得到湖北省农业厅（2018年11月改组为湖北省农业农村厅）科教处原负责人欧阳书文和调研员杨朝新的精心指导，武穴、曾都、沙洋、大冶等12个县农业部门的有关负责人亦给予我大力支持。

项目申报过程中，华中师范大学新闻传播学院江作苏老师、喻发胜老师、陈欧阳老师以及社科处的领导和同事鼎力相助。陈欧阳老师还参与了其中一篇研究报告的撰写。

而最近几年，我指导的历届研究生团队在文献查找、问卷调查以及数据录入过程中不辞劳苦，做了大量的工作。

这么多人的关心和帮助，正是这个研究得以顺利进行最可靠的保障。

特别感谢香港中文大学的李连江教授，他在我从记者向学者转变最迷惘的时候为我指点迷津，让我摆脱了彼时的困扰。

还要感谢腾讯网、《长江日报》《农村新报》等多家媒体对这个科研项目的关注和报道。

在经年阅读文献资料，积累相关领域知识，学习研究方法，搜集田野数据的过程中，我也有一些自己的感悟：研究是严谨的，但绝不是枯燥的，更不是没有温度的。正如同那么多良师益友对我这个科研后进的帮助一样。从他们身上我所学到的绝不仅仅是科研方法和科研技巧，还有治学的严谨、开阔的视野和乐观的态度。

在深入样本县、乡镇、村庄调研的过程中，我利用研究中所取得阶段性成果，在恩施、武穴、沙洋、通城、赤壁、房县、武汉等地见缝插针地培训基层农业干部和农业技术人员、家庭农场主、新型职业农民，截至目前，共培训超过4000人次。

通过培训，我一方面提供了公益性社会服务，另一方面更加密切了与农民之间的联系，使我能够更好地观察农民群体、掌握更多的研究数据。

这种科研加公益性培训的路径让我收获了很多，将来，它也会成为我进行科学研究的一种独特路径。希望能够继续将科研与实际需要结合起来，为农村、为社会做出更多的贡献。

给农技员做新媒体使用的培训 1

给农技员做新媒体使用的培训 2

图书在版编目（CIP）数据

社交媒体在农技推广中的应用路径研究 / 吴志远著
. -- 北京：社会科学文献出版社，2021.11
ISBN 978 - 7 - 5201 - 8837 - 1

Ⅰ. ①社… Ⅱ. ①吴… Ⅲ. ①传播媒介 - 应用 - 农业
科技推广 - 研究 - 中国 Ⅳ. ①S3 - 33

中国版本图书馆 CIP 数据核字（2021）第 162996 号

社交媒体在农技推广中的应用路径研究

著　　者 / 吴志远

出 版 人 / 王利民
责任编辑 / 张　萍
责任印制 / 王京美

出　　版 / 社会科学文献出版社·当代世界出版分社（010）59367004
　　　　　　地址：北京市北三环中路甲 29 号院华龙大厦　邮编：100029
　　　　　　网址：www. ssap. com. cn
发　　行 / 市场营销中心（010）59367081　59367083
印　　装 / 三河市尚艺印装有限公司

规　　格 / 开　本：787mm × 1092mm　1/16
　　　　　　印　张：16.75　字　数：268 千字
版　　次 / 2021 年 11 月第 1 版　2021 年 11 月第 1 次印刷
书　　号 / ISBN 978 - 7 - 5201 - 8837 - 1
定　　价 / 98.00 元

本书如有印装质量问题，请与读者服务中心（010 - 59367028）联系